高等职业教育机械类专业"十二五"规划教材
中国高等职业技术教育研究会推荐

金工实习指导书

何淑梅　彭育强　主编

国防工业出版社

·北京·

内 容 简 介

本书共11章,内容包括金工实习基础知识、车工、铣工、刨工和钳工工艺以及实习报告。内容以实际案例为切入点,紧密联系目前生产实际过程,并尽量采用以图代文的形式,适宜教学和自学。

本书既可作为高职高专学生的实训教材,也可作为企业工人以及岗位培训的培训用书或自学用书。

图书在版编目(CIP)数据

金工实习指导书/何淑梅,彭育强主编. --北京:
国防工业出版社,2012.2重印
高等职业教育机械类专业"十二五"规划教材
ISBN 978-7-118-06982-2

Ⅰ.①金… Ⅱ.①何… ②彭… Ⅲ.①金属加工—实习—高等学校:技术学校—教学参考资料　Ⅳ.①TG-45

中国版本图书馆 CIP 数据核字(2011)第 166865 号

※

国防工业出版社出版发行
(北京市海淀区紫竹院南路23号　邮政编码100048)
天利华印刷装订有限公司印刷
新华书店经售

*

开本 787×1092　1/16　印张 10½　字数 231 千字
2012年2月第2次印刷　印数 4001—7000 册　定价 22.00 元

(本书如有印装错误,我社负责调换)

国防书店:(010)88540777　　发行邮购:(010)88540776
发行传真:(010)88540755　　发行业务:(010)88540717

高等职业教育制造类专业"十二五"规划教材
编审专家委员会名单

主任委员 方　新（北京联合大学教授）
　　　　　　刘跃南（深圳职业技术学院教授）
委　　员 （按姓氏笔画排列）
　　　　　　白冰如（西安航空职业技术学院副教授）
　　　　　　刘克旺（青岛职业技术学院副教授）
　　　　　　刘建超（成都航空职业技术学院教授）
　　　　　　闫大建（北京科技职业学院副教授）
　　　　　　米国际（西安航空技术高等专科学校副教授）
　　　　　　李景仲（江苏财经职业技术学院教授）
　　　　　　徐时彬（四川工商职业技术学院副教授）
　　　　　　郭紫贵（张家界航空工业职业技术学院副教授）
　　　　　　蒋敦斌（天津职业大学教授）
　　　　　　韩玉勇（枣庄科技职业学院副教授）
　　　　　　颜培钦（广东交通职业技术学院副教授）

总 策 划 江洪湖

《金工实习指导书》
编委会

主　编　何淑梅　彭育强
副主编　王　燚
参　编　高永强　陈海平　王　炜　孙弘临　刘　丽
　　　　高魁旭

总 序

在我国高等教育从精英教育走向大众化教育的过程中,作为高等教育重要组成部分的高等职业教育快速发展,已进入提高质量的时期。在高等职业教育的发展过程中,各院校在专业设置、实训基地建设、双师型师资的培养、专业培养方案的制定等方面不断进行教学改革。高等职业教育的人才培养还有一个重点就是课程建设,包括课程体系的科学合理设置、理论课程与实践课程的开发、课件的编制、教材的编写等。这些工作需要每一位高职教师付出大量的心血,高职教材就是这些心血的结晶。

高等职业教育制造类专业赶上了我国现代制造业崛起的时代,中国的制造业要从制造大国走向制造强国,需要一大批高素质的、工作在生产一线的技能型人才,这就要求我们高等职业教育制造类专业的教师们担负起这个重任。

高等职业教育制造类专业的教材一要反映制造业的最新技术,因为高职学生毕业后马上要去现代制造业企业的生产一线顶岗,我国现代制造业企业使用的技术更新很快;二要反映某项技术的方方面面,使高职学生能对该项技术有全面的了解;三要深入某项需要高职学生具体掌握的技术,便于教师组织教学时切实使学生掌握该项技术或技能;四要适合高职学生的学习特点,便于教师组织教学时因材施教。要编写出高质量的高职教材,还需要我们高职教师的艰苦工作。

国防工业出版社组织一批具有丰富教学经验的高职教师所编写的机械设计制造类专业、自动化类专业、机电设备类专业、汽车类专业的教材反映了这些专业的教学成果,相信这些专业的成功经验又必将随着本系列教材这个载体进一步推动其他院校的教学改革。

方新

前　言

金工实习是工科类院校机械类和近机械类各专业教学中重要的实践性环节，是学生学习后续专业课程的重要基础。本书从高职教育的要求出发，以就业为导向，以培养高技能应用型人才为目的，根据高职院校工科类专业培养计划和教学大纲进行编写，在编写过程中注重知识的前沿性和实用性。本书详细介绍了机械加工、钳工工艺的基本内容、常用刀具、夹具和量具的使用，此外还介绍了刨削加工和铣削加工的基本内容。本书内容力求深入浅出，以实际案例为切入点，紧密联系目前生产实际过程，并尽量采用以图代文的编写形式，降低了学习难度，以利于培养学生的实践能力。

本着"够用、适用"的指导思想，突出以技能训练为主线，相关知识为支撑，较好地处理了理论教学与技能训练的关系。

本书由何淑梅、彭育强任主编，王燚任副主编，高永强、陈海平、王炜、孙弘临、刘丽、高魁旭参编。本书在编写过程中，得到了广东交通职业技术学院、武汉工业职业技术学院、青岛港湾职业技术学院、中国石油勘探开发研究院的大力支持与帮助，以及教学经验丰富、实践能力强的曾文英、陈才庆、朱明等几位老师的大力帮助，在此表示衷心的感谢！

由于编者水平所限，书中难免有错误和疏漏之处，恳请读者提出宝贵意见。

编　者

目 录

第一篇 金工实习基础知识 ... 1

第1章 常用量具 ... 1
1.1 计量单位 ... 1
1.2 长度量具 ... 1
1.3 角度量具 ... 7
1.4 量具的保养 ... 8
思考题 ... 8

第2章 金属材料常识 ... 9
2.1 金属材料的性能 ... 9
2.2 金属材料的分类 ... 10
2.3 钢铁材料简介 ... 10
思考题 ... 12

第3章 金属切削加工基础知识 ... 13
3.1 金属切削加工的概念 ... 13
3.2 机械加工零件的技术要求 ... 15
思考题 ... 16

第4章 安全生产 ... 17
4.1 车工安全技术 ... 17
4.2 铣工安全技术 ... 18
4.3 磨工安全技术 ... 18
4.4 钳工安全技术 ... 18
思考题 ... 19

第二篇 车工实习 ... 20

第5章 概述 ... 20
5.1 车削特点及加工范围 ... 20
5.2 卧式车床 ... 21
实习操作一 车床操作练习 ... 25
5.3 车刀 ... 27

  实习操作二 刃磨车刀 ·· 30
  实习操作三 安装车刀 ·· 31
 5.4 工件在车床上的装夹方法 ·· 33
 思考题 ··· 36

第6章 车削基本工艺 ··· 37
 6.1 车端面 ··· 37
 6.2 车外圆及台阶 ··· 37
 6.3 切槽 ··· 40
 6.4 切断 ··· 41
 实习操作四 粗车外圆及端面 ·· 42
 实习操作五 粗、精车外圆和端面 ··· 43
 实习操作六 车台阶和钻中心孔 ·· 43
 教师演示 简单外圆工件加工 ·· 44
 6.5 钻孔 ··· 44
 6.6 车孔 ··· 45
 实习操作七 钻孔和车内圆 ·· 46
 实习操作八 用内径百分表测量孔的内径 ··································· 46
 6.7 车圆锥面 ·· 47
 实习操作九 转动小滑板手动进给车莫氏4♯锥棒 ························· 53
 6.8 车成形面 ·· 54
 6.9 车螺纹 ··· 56
 实习操作十 车三角形螺纹 ·· 61
 实习操作十一 车梯形外螺纹 ·· 64
 6.10 滚花 ·· 65
 思考题 ··· 65

第三篇 铣削和刨削加工实习 ·· 66

第7章 铣工实习 ··· 66
 7.1 概述 ··· 66
 7.2 铣床及附件 ··· 69
 7.3 铣刀 ··· 72
 7.4 工件常用装夹方法 ··· 74
 7.5 铣平面 ··· 75
 7.6 铣斜面 ··· 77
 7.7 铣台阶面 ·· 78
 7.8 铣键槽 ··· 78
 7.9 铣T形槽 ·· 79
 7.10 铣等分零件 ·· 79
 实习操作十二 铣削六面体 ·· 82

思考题 ………………………………………………………………………… 84
第8章 刨削加工 ……………………………………………………… 85
8.1 牛头刨床简介 …………………………………………………… 85
8.2 刨刀及其安装 …………………………………………………… 86
8.3 工件的装夹 ……………………………………………………… 87
8.4 刨削操作 ………………………………………………………… 87
8.5 典型零件的刨削 ………………………………………………… 89
思考题 ………………………………………………………………… 92

第四篇　钳工实习 …………………………………………………… 93

第9章　概述 …………………………………………………………… 93
9.1 钳工工作 ………………………………………………………… 93
9.2 钳工工作台和台虎钳 …………………………………………… 93
实习操作十三 …………………………………………………………
9.3 划线 ……………………………………………………………… 95
实习操作十四　在钢板上划平面图形 …………………………… 100
实习操作十五　简单零件的立体划线 …………………………… 101
思考题 ………………………………………………………………… 104

第10章　钳工基本工艺 ……………………………………………… 105
10.1 錾削 ……………………………………………………………… 105
10.2 锯削 ……………………………………………………………… 111
实习操作十六　锯削练习 ………………………………………… 116
10.3 锉削 ……………………………………………………………… 117
实习操作十七　锉削练习 ………………………………………… 124
10.4 钻孔、扩孔、铰孔和锪孔 ……………………………………… 124
实习操作十八　钻孔、扩孔和铰孔练习 ………………………… 132
10.5 攻螺纹和套螺纹 ………………………………………………… 133
实习操作十九　制作双头螺柱 …………………………………… 136
思考题 ………………………………………………………………… 136

第11章　钳工综合技能训练 ………………………………………… 137
11.1 制作六角螺母 …………………………………………………… 137
11.2 制作六角头螺栓 ………………………………………………… 138
11.3 制作手锤 ………………………………………………………… 139
11.4 锉配凹凸件 ……………………………………………………… 141
11.5 锉配四方体和六角体 …………………………………………… 144

附录1　机加工实习报告 ……………………………………………… 147
附录2　刨工、铣工实习报告 ………………………………………… 149
附录3　钳工实习报告 ………………………………………………… 151
参考文献 ………………………………………………………………… 156

第一篇 金工实习基础知识

【目的和要求】

1. 了解常用量具的构成并掌握使用方法。
2. 了解一般常用金属材料。
3. 了解金属切削加工基础知识。
4. 认识安全生产的重要意义。

第1章 常用量具

为保证质量，机器中的每个零件都必须根据图样制造。零件是否符合图样要求，只有经过测量工具检验才能知道，这些用于测量的工具称为量具。常用的量具有钢直尺、卡钳、游标卡尺、游标角度尺、千分尺、百分表、90°角尺等。

1.1 计量单位

为了保证测量的准确性，首先需要建立国际统一、稳定可靠的长度基准。机械制造中常采用的长度计量单位为 mm。在精密测量中，长度计量单位采用 $\mu m (1\mu m = 10^{-3} mm)$。在实际工作中，如遇到英制长度单位时，常以英寸(in)作为基本单位，它与法定计量单位的换算关系是 1in=25.4mm。

机械制造中常用的角度单位为 rad、μrad 和 (°)、(′)、(″)。$1\mu rad = 10^{-6}$ rad，$1° = 0.0174533$rad。(°)、(′)、(″)的关系采用 60 进位制，即 1°=60′，1′=60″。

1.2 长度量具

1.2.1 钢直尺

钢直尺的长度规格有 150mm、300mm、1000mm 3 种，如图 1.1 所示。钢直尺结构简单，价格低廉，常用来测量毛坯和精度要求不高的零件。

使用钢直尺时，应以工件端边作为测量基准，这样不仅便于找正测量基准，而且便于读数。用钢直尺测量柱形工件的直径时，先将尺的端边或某一刻线紧贴住被测件的一边，并来回摆动另一端，所获得的最大读数值，才是所测直径的尺寸。

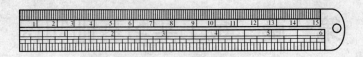

图 1.1　钢直尺

1.2.2　卡钳

卡钳是一种间接量具,其本身没有分度,所以要与其他分度的量具配合使用。卡钳根据用途可分为外卡钳和内卡钳两种,前者用于测量外尺寸,后者用于测量内尺寸,如图 1.2 所示。卡钳常用于测量精度不高的工件。如果操作正确,测量精度可达 0.02mm～0.05mm。

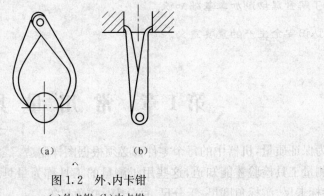

图 1.2　外、内卡钳
(a)外卡钳;(b)内卡钳。

1.2.3　游标卡尺

游标卡尺是机械加工中使用最广泛的量具之一。它可以直接测量出工件的内径、外径、中心距、宽度、长度和深度等。游标卡尺的测量精度有 0.1mm、0.05mm 和 0.02mm 3 种,测量范围有 0～125mm、0～200mm、0～500mm 等。

1. 游标卡尺的分度原理

游标卡尺由尺身、游标、尺框所组成,如图 1.3 所示。按游标读数值的不同,分为 0.1 mm(1/10)、0.05mm(1/20)和 0.02mm(1/50)3 种。这 3 种游标卡尺的尺身是相同的,每小格为 1mm,每大格为 10mm,只是游标与尺身刻线宽度相对应的关系不同。

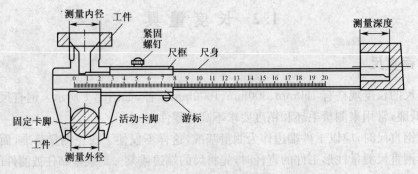

图 1.3　游标卡尺的结构

下面以 0.02mm 游标卡尺为例来说明其分度原理。游标卡尺的尺身每格刻线宽度 1mm,使尺身上 49 格刻线的宽度与游标上 50 格刻线的宽度相等,则游标的每格刻线宽度为 49mm/50=0.98mm,尺身和游标的刻线间距之差(即每小格的差值)为 1.00mm－0.98mm=0.02mm。这个差值就是 0.02mm 游标卡尺的分度值。0.02mm 游标卡尺的分度原理如图 1.4 所示。

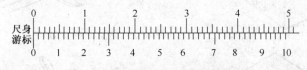

图 1.4　游标卡尺分度原理

与上述分度原理相同,0.05mm 游标卡尺是使尺身上的 19 格刻线的宽度与游标上 20 格刻线的宽度相等,则游标的每格刻线宽度为 19mm/20=0.95mm,尺身和游标的刻线间之差为 1.00mm－0.95mm=0.05mm。这个差值就是 0.05mm 游标卡尺的分度值。游标的刻线间之差为 1.00mm－0.95mm=0.05mm。这个差值就是 0.05mm 游标卡尺读数值。

2. 游标卡尺的读数方法

使用游标卡尺测量工件时,读数可分为下面 3 个步骤(以 0.02mm 游标卡尺为例)。

(1)读整数。读出游标零线左边最近的尺身分度值,该数值就是被测件的整数值。

(2)读小数。找出与尺身刻线对准的游标刻线,将游标格数乘以游标分度值 0.02mm 所得的积,即为被测件的小数值。

(3)整个读数。把上面(1)和(2)两次读数值相加,就是被测工件的整个读数值。读数示例如图 1.5 所示,读数:23mm+10×0.02mm=23.20mm。

图 1.5　读数示例

3. 游标卡尺的测量方法(图 1.6)

首先应根据所测工件的部位和尺寸精度,正确合理选择卡尺的种类和规格。测量工件时,应使量爪逐渐靠近工件并轻微地接触,同时注意不要歪斜,以免读数产生误差。

1.2.4　千分尺

千分尺是一种精密量具。生产中常用的千分尺的测量精度为 0.01mm。它的精度比游标卡尺高,并且比较灵敏。因此,对于加工精度要求较高的零件尺寸,要用千分尺来测量。千分尺的种类很多,有外径千分尺、内径千分尺、深度千分尺等,其中以外径千分尺用得最为普遍,外径千分尺的结构如图 1.7 所示。

外径千分尺按其测量范围有 0～25mm、25mm～50mm、50mm～75mm、75mm～100mm 等多种规格。

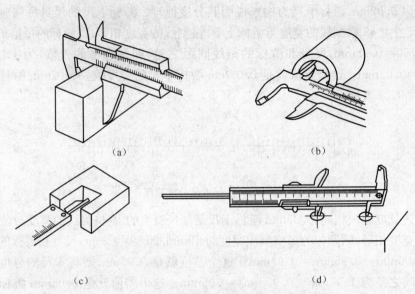

图 1.6 游标卡尺的测量方法

(a)测量外部尺寸;(b)测量内部尺寸;(c)测量深度;(d)测量中心距。

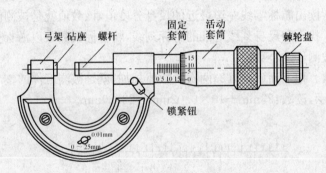

图 1.7 外径千分尺结构

1. 千分尺的分度原理

外径千分尺是利用螺旋传动原理,将角位移变成直线位移来进行长度测量的。如图 1.7 所示,活动套筒与其内部的测微螺杆连接成一体,上面刻有 50 条等分刻线,当活动套筒旋转一周时,由于测微螺杆的螺距一般为 0.5mm,因此它就轴向移动 0.5mm。当活动套筒转过一格时,测微螺杆轴向移动距离为 0.5mm/50＝0.01mm,这就是千分尺的分度原理。

2. 千分尺的读数方法

千分尺的读数机构是由固定套筒和活动套筒组成的。固定套筒上的纵向刻线是活动套筒读数值的基准线,而活动套筒锥面的端面是固定套筒读数值的指示线。

固定套筒纵刻线的两侧各有一排均匀刻线,刻线的间距都是 1mm,且相互错开 0.5mm,标出数字的一侧表示毫米整数,未标数字的一侧即为 0.5mm 数。

用千分尺进行测量时,其读数也可分为以下 3 个步骤。

(1)读整数。读出活动套筒锥面的端面左边在固定套筒露出来的刻线数值,即被测件的毫米整数或 0.5mm 数。

(2)读小数。找出与基准线对准的活动套筒上的刻线数值,如果此时整数部分的读数值为毫米整数,那么该刻线数值就是被测件的小数值;如果此时整数部分的读数值为 0.5mm 数,则该刻线数值还要加上 0.5mm 后才是被测件的小数值。

(3)整个读数。将上面两次读数值相加,就是被测件的整个读数值。千分尺的读数如图 1.8 所示。

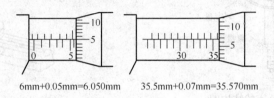

6mm+0.05mm=6.050mm　　35.5mm+0.07mm=35.570mm

图 1.8　千分尺的读数

3. 千分尺的正确使用

使用前,要检查千分尺的各部分是否灵活可靠,是否对零、正确,例如活动套筒的转动是否灵活、测微螺杆的移动是否平稳、锁紧装置的作用是否可靠等。还要把工件的测量表面擦干净,以免脏物影响测量精度。测量时,要使测微螺杆轴线与工件的被测尺寸方向一致,不要倾斜。转动活动套筒,当测量面将与工件表面接触时,应改为转动棘轮(测力装置),直到棘轮发出"咔咔"的响声后,方能进行读数,这时最好在被测件上直接读数。如果必须取下千分尺读数时,应使用锁紧装置把测微螺杆锁住,再轻轻滑出千分尺。

1.2.5　百分表

百分表是精密量具,主要用于校正工件的安装位置,检验零件的形状、位置误差,以及测量零件的内径等。常用的百分表测量精度为 0.01mm。

1. 百分表的读数方法

图 1.9 所示的百分表刻度盘上刻有 100 个等分格,大指针每转动一格,相当于测量杆移动 0.01 mm。当大指针转一圈时,小指针转动一格,相当于测量杆移动 1mm。用手转动表壳时,刻度盘也跟着转动,可使大指针对准刻度盘上的任一刻度。

百分表的读数方法为:先读小指针转过的刻度数(毫米整数),再读大指针转过的刻度数(小数部分),并乘以 0.01,然后两者相加,即得到所测量的数值。

2. 百分表的使用注意事项

(1)使用前,应检查测量杆活动的灵活性。即轻轻推动测量杆时,测量杆在套筒内的移动要灵活,没有任何轧卡现象,且每次手松开后,指针能回到原来的刻度位置。

(2)使用时,必须把百分表固定在可靠的夹持架(表架)上,如图 1.10 所示。切不可随便夹在不稳固的地方,否则容易造成测量结果不准确,或摔坏百分表。

(3)测量平面时,百分表的测量杆要与平面垂直,测量圆柱形工件时,测量杆要与工件的中心线垂直,否则,将使测量杆活动不灵或测量结果不准确。

(4)测量时,不要使测量杆的行程超过它的测量范围,不要使表头突然撞到工件上,也不要用百分表测量表面粗糙或有显著凹凸不平的工件。

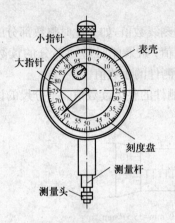
图1.9 百分表的结构图

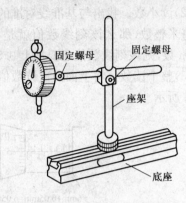
图1.10 百分表的固定

(5)为方便读数,在测量前一般都让大指针指到刻度盘的零位。对零位的方法是:先将测量头与测量面接触,并使大指针转过一圈左右(目的是为了在测量中既能读出正数也能读出负数),然后把表夹紧,并转动表壳,使大指针指到零位。然后再轻轻提起测量杆几次,检查放松后大指针的零位有无变化。如无变化,说明已对好,否则要再对。

(6)百分表不用时,应使测量杆处于自由状态,以免使表内弹簧失效。

1.2.6 刀口形直尺

刀口形直尺是用光隙法检验直线度或平面度的直尺,其形状如图1.11所示。

刀口形直尺的规格用刀口长度表示,常用的有75mm、125mm、175mm、225 mm 和300mm等几种。检验时,将刀口形直尺的刀口与被检平面接触,并在尺后面放一个光源,然后从尺的侧面观察被检平面与刀口之间的漏光大小并判断误差情况,如图1.11所示。

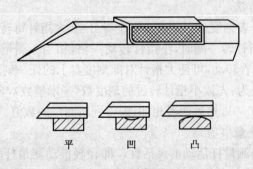

图1.11 刀口形直尺及其应用

1.2.7 塞尺

塞尺是用来检查两贴合面之间间隙的薄片量尺,如图1.12所示。它是由一组薄钢片组成,其每片的厚度0.01mm～0.08mm不等。测量时用塞尺直接塞进间隙,当一片或数片能塞进两贴合面之间,则该一片或数片的厚度(可由每片片身上的标记读出),即为两贴合面的间隙值。

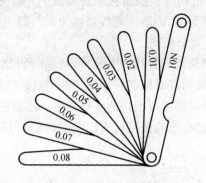

图1.12 塞尺

使用塞尺测量时选用的薄片越小越好,而且必须先擦净尺面和工件,测量时不能使劲硬塞,以免尺片弯曲和折断。

1.3 角 度 量 具

1.3.1 90°角尺

90°角尺是检验直角用非刻线量尺,用于检查工件的垂直度。检测时,将90°角尺的一边与工件一面贴紧,工件的另一面与90°角尺的另一边相接触,可根据接触之间缝隙的大小来判断角度的误差情况。90°角尺如图1.13所示。

1.3.2 游标万能角度尺

游标万能角度尺是用游标读数,可测任意角度的量尺。一般用来测量零件的内外角度。它的构造如图1.14所示。

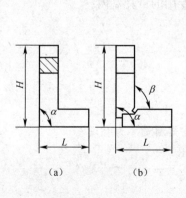

图1.13 90°角尺
(a)铸铁角尺;(b)宽座角尺。

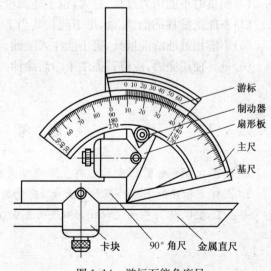

图1.14 游标万能角度尺

游标万能角度尺的读数机构是根据游标原理制成的。以分度值为 2′ 的游标万能角度尺为例,其主尺分度线每格为 1°,而游标刻线每格为 58′,即主尺 1 格与游标 1 格的差为 2′,它的读数方法与游标卡尺完全相同。

测量时应先校对零位,当角尺与直尺均安装好,且 90°角尺的底边及基尺均与直尺无间隙接触,主尺与游标的"0"线对准时即调好零位。使用时通过改变基尺、角尺、直尺的相互位置,可测量游标万能角度尺测量范围内的任意角度。用游标万能角度尺测量工件时,应根据所测范围组合量尺。游标万能角度尺应用实例如图 1.15 所示。

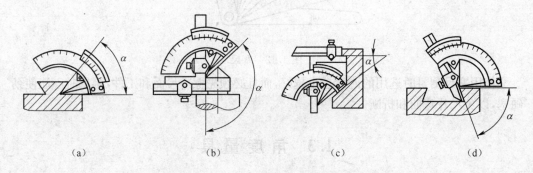

图 1.15 游标万能角度尺应用实例

1.4 量具的保养

量具保养得好坏,会直接影响它的使用寿命和零件的测量精度。因此,量具的保养必须做到以下几点。

(1)使用前必须用绒布将其擦拭干净。
(2)不能用精密量具去测量毛坯或运动着的工件。
(3)测量时不能用力过猛、过大,也不能测量温度过高的工件。
(4)不能把量具乱扔、乱放,更不能将其当工具使用。
(5)不能用脏油清洗量具,更不能注入脏油。
(6)量具使用完后,应将其擦洗干净后涂油并放入专用的量具盒内。

思 考 题

1. 试述 0.05mm 游标卡尺的刻线原理及读数方法。
2. 图样上标注的下列外圆柱面尺寸,应选用何种量具测量才为合理?
未加工:$\phi50,\phi35$;已加工:$\phi40,\phi34\pm0.2,\phi30\pm0.04$。

第 2 章 金属材料常识

2.1 金属材料的性能

生产中,无论是制造机器零件,还是制造工具。首先要知道所使用的是什么材料,以及这些材料所具有的性能,以便正确地进行加工。

金属材料的性能分为使用性能和工艺性能两大类。使用性能反映材料在使用过程中所表现出来的特性,如物理性能、化学性能、力学性能等;工艺性能反映材料在加工制造过程中所表现出来的特性。

2.1.1 金属材料的力学性能

任何机器零件工作时都承受外力(载荷)的作用。因此,材料在外力作用下所表现出来的特性就显得格外重要。这种性能叫做力学性能。力学性能主要有强度、塑性、硬度和韧性等。

1. 强度

金属抵抗永久变形和断裂的能力称为强度。常用的强度指标是屈服点和抗拉强度。屈服点以符号 σ_s(或 $\sigma_{0.2}$)表示,单位为 MPa。屈服点代表材料抵抗微量永久变形的能力。抗拉强度以符号 σ_b 表示,单位为 MPa。抗拉强度代表材料抵抗断裂的能力。

2. 塑性

断裂前材料发生不可逆永久变形的能力称为塑性。常用的塑性指标是断后伸长率(用符号 δ 表示)和断面收缩率(用符号 ψ 表示)。断后伸长率和断面收缩率的数值越大,则材料的塑性越好。

3. 硬度

材料抵抗局部变形,特别是塑性变形、压痕或划痕的能力,是衡量金属软硬的指标。材料的硬度是用专门的硬度试验计测定的。常用的硬度有布氏硬度和洛氏硬度两种。

布氏硬度试验,是用淬硬钢球(或硬质合金球)为压头,以规定的压力将其压入被测材料表面,停留一段时间后卸载,测量其表面的压痕直径。按照国家标准规定,布氏硬度用 HB 表示。当压头为钢球时,表示为 HBS,如纯铝的硬度约为 25HBS;当压头为硬质金球时,表示为 HBW。

洛氏硬度试验,是用顶角为 120°的金刚石圆锥体(或直径为 1.588mm 的淬硬钢球)为压头,在规定的压力下压入工件表面。洛氏硬度值从硬度计的刻度盘上直接读取。国家标准规定,洛氏硬度用 HR 表示。根据压头和压力的不同,洛氏硬度的标度分别用 HRA、HRB、HRC 表示,其中使用最广泛的是 HRC,如热处理后车刀刀头的硬度约为 62HRC。

在生产现场没有硬度试验计时,可用锉刀锉削金属的方法来判别工件硬度值的高低。锉刀应使用新的细锉刀,长度为200mm左右,硬度在60HRC以上。如锉削时锉刀打滑或锉刀上有划痕,说明工件材料的硬度高于锉刀的硬度;如能锉动工件,则可根据锉削的难易程度,判别该工件大致的硬度值;当工件硬度为30HRC～40HRC时,稍用力即可锉动;为50HRC～55HRC时,已不太容易锉动;为55HRC～60HRC时,用力仅能稍锉动一些。

4. 韧性

金属在断裂前吸收变形能量的能力。金属的韧性通常随加载速度提高、温度降低、应力集中程度加剧而减小。

2.1.2 金属材料的工艺性能

金属材料的工艺性能,主要有铸造性、锻造性、焊接性和切削加工性。

(1)铸造性。指金属材料能否用铸造方法制成优质铸件的性能。铸造性的好坏取决于熔融金属的充型能力。影响熔融金属充型能力的主要因素之一是流动性。

(2)锻造性。指金属材料在锻压加工过程中能否获得优良锻压件的性能。它与金属材料的塑性和变形抗力有关,塑性越高,变形抗力越小,则锻造性越好。

(3)焊接性。主要指金属材料在一定的焊接工艺条件下,获得优质焊接接头的难易程度。焊接性好的材料,易于用一般的焊接方法和简单的工艺措施进行焊接。

(4)切削加工性。用刀具对金属材料进行切削加工时的难易程度称为切削加工性。切削加工性好的材料,在加工时刀具的磨损量小,切削用量大,加工的表面质量也比较好。对一般钢材来说,硬度在200HBS左右时具有良好的切削加工性。

2.2 金属材料的分类

金属材料的简易分类方法如下:

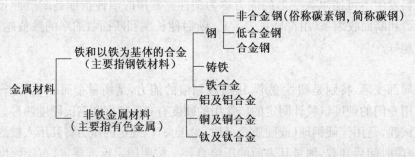

2.3 钢铁材料简介

2.3.1 钢

钢是以铁为主要元素,含碳量一般在2.0%以下,并含有其他元素的材料。钢按化学成分可分为非合金钢、低合金钢和合金钢。非合金钢中除以铁和碳为主要成分外,还有少量的锰、硅、硫、磷等元素,这些元素是在冶炼时由原料、燃料带入钢中的,通常称为杂质。

低合金钢和合金钢是在非合金钢的基础上,在炼钢过程中有目的地加入某种或某几种元素(也称合金元素)而形成的钢种。

非合金钢俗称碳素钢,简称碳钢(考虑到行业习惯,本书采用简称碳钢)。碳钢按钢的主要质量等级和主要性能或使用特性分为普通质量碳钢、优质碳钢及特殊质量碳钢。下面列举常用的碳钢钢号。

普通质量碳钢 Q235A(Q 表示钢材屈服点"屈"字汉语拼音字首,235 表示屈服点值为 235MPa,A 表示质量等级为 A 级),用于制作螺钉、螺母、垫圈等。

优质碳钢 08F 钢、10 钢用于制作冲压成形的外壳、容器、罩子等;40 钢制作轴、杆;45 钢制作齿轮、连杆等(两位数字表示钢平均含碳量的万分数)。

特殊质量碳钢主要包括碳素工具钢、碳素弹簧钢、特殊易切削钢等。T7 钢、T8 钢用于制作手钳、錾子、锤、螺丝刀等;T10 钢制作手锯锯条;T12 钢制作锉刀、刮刀(T 表示碳素工具钢"碳"字汉语拼音字首;数字表示钢平均含碳量的千分数)。

此外,按碳含量的不同,可将碳钢分为低碳钢、中碳钢和高碳钢。

低碳钢——含碳量在 0.25% 以下。强度低,塑性、韧性好,易于成形,焊接性好,常用于制作受力不大的结构和零件。

中碳钢——含碳量为 0.25%~0.6%。具有较高的强度,并兼有一定的塑性、韧性,适用于制造机械零件。

高碳钢——含碳量为 0.6%~1.4%(不包括 0.6%)。塑性和焊接性都差,但热处理后可达到 很高的强度和硬度,用于制作工、模具。

低合金钢和合金钢的分类在本书中不予详述,下面只列举两个钢种。

工具钢,用于制作刀具、模具、量具等工具。含较多钨、铬、钒、钼合金元素的工具钢可做切削速度较高的刀具,并在 600℃ 高温时仍能保持刀具原有的硬度。常用的高速工具钢(又称锋钢、白钢)车刀,其牌号为 W18Cr4V2、W6M05Cr4V2(数字为合金元素含量的百分数)。

不锈、耐蚀和耐热钢,在空气、水、酸、碱等介质中具有较强的抗腐蚀能力或在高温时具有良好的抗氧化性和保持高强度。典型的牌号有 1Cr13、1Cr18Ni9 等。

2.3.2 铸铁

铸铁是主要由铁、碳和硅组成的合金的总称。生产上应用的铸铁中含碳量通常为 2.5%~4.0%,硅、锤、磷、硫等杂质的含量也比钢高。

常用的铸铁是灰铸铁。灰铸铁中的碳主要以片状石墨形式出现,断口呈灰色。其抗拉强度、塑性和韧性都较低,但承受压力的性能好,减摩性、减震性好,切削加工性好,成本低,因而应用泛。灰铸铁的铸造性好,可以浇注形状复杂或薄壁的铸件。灰铸铁属脆性材料,不能锻压,其焊接性也差。常用的牌号有 HT200(HT 是"灰铁"两字的汉语拼音字首;数字表示该铸铁的最低抗拉强度值,单位为 MPa),用来制造机床床身、齿轮箱、刀架等。

思 考 题

1. 以下工件用什么材料制造？

铁钉，缝纫机架，手锤，铣刀，丝杠，液化石油气瓶体，车刀刀杆。

2. 以下工具和零件应具有哪些主要力学性能？

锥刀，弹簧，锯条，火车挂钩。

第 3 章 金属切削加工基础知识

3.1 金属切削加工的概念

金属切削加工就是利用切削工具将坯料或工件多余材料切去,以获得所要求的几何形状和表面质量的加工方法。

金属切削加工分为钳工和机械加工(简称机工)两部分。

钳工主要通过工人手持工具进行切削加工。其基本操作有锯削、锉削、錾削、钻削、刮研等。其特点是工具简单、方便灵活,是装配和修理工作中不可缺少的加工方法。随着生产的发展,钳工机械化的内容也逐渐丰富起来。

机械加工是通过工人操纵机床进行切削加工。其主要加工方式有车、铣、刨、镗、钻、磨等,所用的机床相应称为车床、铣床、刨床、镗床、钻床、磨床等。图 3.1 为几种加工方式的示意图。

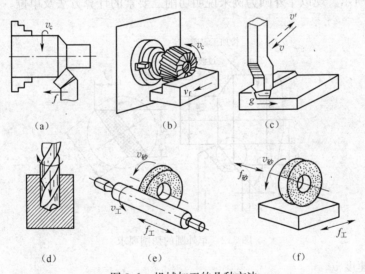

图 3.1 机械加工的几种方法

图 3.1(a)为车刀车外圆面。工件旋转,车刀移动。

图 3.1(b)为圆柱铣刀铣平面。铣刀旋转,工件移动。

图 3.1(c)为刨刀刨平面。刨刀纵向往复移动,工件横向间歇移动(牛头刨)。

图 3.1(d)为麻花钻头钻孔。钻头旋转,同时轴向移动(工件不动)。

图 3.1(e)为砂轮磨外圆面。砂轮旋转,工件旋转并作轴向移动。

图 3.1(f)为砂轮磨平面。砂轮旋转并作轴向移动,工件移动。

3.1.1 机械加工的切削运动

无论哪种机床,在进行切削加工时,是靠刀具和工件间的相对运动来实施的。这种相对运动称为切削运动,包括以下两种运动。

1. 主运动

主运动是指形成机床切削速度或消耗主要动力的工作运动,即在切削过程中刀具切下切屑所需的运动。如果没有这个运动就不能进行切削。它的特点是在切削过程中速度最高、消耗机床动力最多,如车床上工件的旋转、铣床上铣刀的转动、刨床上刨刀的往复移动、钻床上钻头的转动和磨床上砂轮的转动。

2. 进给运动

进给运动是使工件的多余材料不断被切除的工作运动,即使金属不断地投入切削所需的运动。如果没有这个运动,就不能连续进行切削,如车刀的移动、钻头和刨刀(龙门刨)的移动、铣削时和刨削(牛头刨)时工件的移动、磨外圆时工件的旋转和轴向移动。

切削加工中主运动只有一个,而进给运动则可能是一个或几个。

3.1.2 机械加工的切削用量三要素

机械加工的切削用量要素(简称切削三要素)包括切削速度 v_c,进给量 f 和背吃刀量 a_p,如图 3.2 所示。现以车外圆为例来说明切削三要素的计算方法及单位。

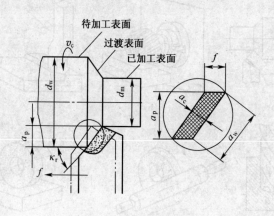

图 3.2 车外圆的切削要求

1. 切削速度 v_c

切削刃选定点相对于工件的主运动的瞬时速度,即

$$v_c = \frac{\pi n D}{60 \times 1000}$$

式中 v_c ——切削速度(m/s);
D ——加工面的最大直径(mm);
n ——主轴转速(r/min)。

2. 进给量 f

刀具在进给运动方向上相对工件的位移量。车削加工时,进给量是工件每转一转时

车刀沿进给方向移动的距离,单位是 mm/r。

3. 背吃刀量 a_p

在通过切削刃基点并垂直于工作平面的方向上测量的吃刀量。车削加工时为待加工表面和已加工表面间的垂直距离,即

$$a_p = \frac{d_w - d_m}{2}$$

3.2 机械加工零件的技术要求

切削加工的目的在于加工出符合设计要求的机械零件。设计零件时,为了保证机械设备各零件之间的配合关系和互换性以及设备的精度和使用寿命,应根据零件的不同作用提出合理的要求,这些要求通称为零件的技术要求。零件的技术要求包括尺寸精度、形状精度、位置精度、表面粗糙度、零件的选材、材料的热处理以及表面处理(如电镀、发蓝)等。其中,尺寸精度、形状精度和位置精度通称为加工精度。加工精度和表面粗糙度都是由切削加工来保证的。

3.2.1 尺寸精度

尺寸精度是指加工表面本身的尺寸和表面间的尺寸的精确程度。零件的尺寸要加工得绝对准确既不可能也不必要。在保证零件使用要求的前提下,应给出尺寸允许的最大变动量,即尺寸公差。精度越高,则公差越小。国家标准 GB/T 1800.3—1998 将确定尺寸精度的标准公差等级分为 20 级,分别用 IT01,IT0,IT1,IT2,…,IT18 表示。IT01 的公差值最小,精度最高。各种加工方法相应的尺寸公差等级见表 3.1。

表 3.1 各种加工方法相应的尺寸公差等级

加工方法	IT 等级															
	1	2	3	4	5	6	7	8	9	10	11	12	13	14	15	16
研磨																
珩磨																
周磨、平磨																
金刚石车																
金刚石镗																
拉削																
铰																
车削、镗削																
铣																
刨、插																
钻																
冲压																

3.2.2 形状精度

为保证机械设备的精度和使用性能,只靠尺寸公差保证零件的尺寸精度是不够的,还必须对零件表面的几何形状及相互位置提出必要的形状精度和位置精度要求。以图3.3所示的$\phi 25_{-0.014}^{0}$mm轴为例,虽然尺寸同样控制在公差范围内,实际零件却可能加工出多种形状。用这几种不同形状的轴装在精密机械上,与相应的孔配合使用,效果显然会有很大差别。

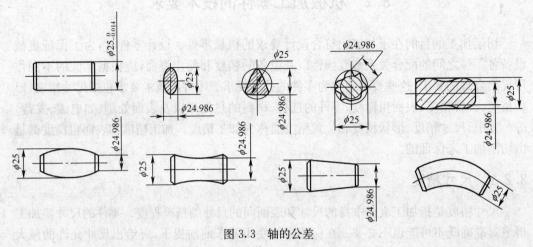

图3.3 轴的公差

零件的形状精度是指零件上的线、面要素的实际形状相对于理想形状的准确程度。零件上的线、面要素的几何形状不可能做得绝对准确,只能控制在一定的误差范围内。

3.2.3 位置精度

位置精度是指零件上的点、线、面要素的实际位置对于理想位置的准确程度。正如零件的表面形状不能做得绝对准确一样,表面相互位置误差也是不可避免的。

3.2.4 表面粗糙度

在切削加工中,由于刀痕、切屑分离时塑性变形、振动以及刀具和工件的摩擦等,在工件的已加工表面上不可避免地要产生一些微小的峰谷。这些微小峰谷的高低程度和间隙形状就称为表面粗糙度。一般肉眼看不见,需用专门仪器方能测出。而表面粗糙度正是表面上微小峰谷的高低程度,或称微观不平度。

国家标准规定了表面粗糙度的评定参数和评定参数的允许数值。最常用的是轮廓算术平均偏差Ra,其单位为μm。

思 考 题

1. 机械加工的切削用量三要素是什么?
2. 什么是表面粗糙度?

第4章 安全生产

实训中如果实训人员不遵守工艺操作规程或者缺乏一定的安全知识,很容易发生机械伤害、触电等工伤事故。因此,为保证实习人员的安全和健康,必须进行安全生产知识教育。

安全生产的基本内容就是安全。为了更好地生产,必须注意安全。生产最基本的条件是保证人和设备在生产中的安全。人是生产中的决定因素,设备是生产的手段,没有人和设备的安全,生产就无法进行。特别是人的安全尤为重要,不能保证人的安全,设备的作用无法发挥,生产也就不能顺利、安全地进行。

我国对不断改善劳动条件、做好劳动保护工作、保证生产者的健康和安全历来十分重视,国家制订并颁布了《工厂安全卫生规程》等文件,为安全生产指明了方向。安全生产是我国在生产建设中一贯坚持的方针。

实训中的安全技术有机加工安全技术和钳工安全技术等。各工种的安全技术在实习中务必严格遵守。

机加工主要指车、铣、刨、磨和钻等切削加工,其特点是使用的装夹工具和被切削的工件或刀具间不仅有相对运动,而且速度较高。如果设备防护不好,操作者不注意遵守操作规程,很容易造成人身伤害。

4.1 车工安全技术

(1)要穿戴合适的工作服,戴防护眼镜,长头发要压入帽内,不能戴手套操作。
(2)两人共用一台车床时,只能一人操作并注意他人安全。
(3)卡盘扳手使用完毕后,必须及时取下,否则不能启动车床。
(4)开车前,检查各手柄的位置是否到位,确认正常后才准许开车。
(5)开车后,人不能靠近正在旋转的工件,更不能用手触摸工件的表面,也不能用量具测量工件的尺寸,以防发生人身安全事故。
(6)严禁开车时变换车床主轴转速,以防损坏车床而发生设备安全事故。
(7)车削时,方刀架应调整到合适位置。以防小滑板左端碰撞卡盘爪而发生人身、设备安全事故。
(8)机动纵向或横向进给时,严禁床鞍及横滑板超过极限位置,以防滑板脱落或碰撞卡盘上而发生人身、设备安全事故。
(9)发生事故时,立即关闭车床电源。
(10)工作结束后,关闭电源,清除切屑,认真擦净机床,加油润滑,以保持良好的工作环境。

4.2　铣工安全技术

铣工实习与车工实习的安全技术有很多相同点可参照执行，需更加注意如下几点。
(1)高速铣削或刃磨刀具时应戴防护眼镜。
(2)多人共同使用一台铣床时，只能一人操作，并注意他人的安全。
(3)开动铣床后人不能靠近旋转的铣刀，更不能用手去触摸刀具和工件，也不能在开机时测量工件。
(4)工件必须压紧夹牢，以防发生事故。
(5)操作时不要站立在铁屑流出的方向，以免铁屑飞入眼中。
(6)高速铣削或冲注切削液时，应加放挡板，以防铁屑飞出及切削液外溢。

4.3　磨工安全技术

磨工与车工的安全技术有许多相同之处，可参照执行，在操作中更应注意以下两点。
(1)砂轮是在高速旋转的，禁止面对砂轮站立。
(2)砂轮启动后，必须慢慢引向工件，严禁突然接触工件。背吃刀量不能过大，以防背向力过大将工件顶飞而发生事故。

4.4　钳工安全技术

(1)实习时，要穿工作服，不准穿拖鞋，操作机床时严禁戴手套，女同学要戴工作帽。
(2)不准擅自使用不熟悉的机器和工具。设备使用前要检查，如发现损坏或其他故障时应停止使用并报告。
(3)操作要时刻注意安全，互相照应，防止意外。
(4)要用刷子清理铁屑，不准用手直接清除，更不准用嘴吹，以免割伤手指和屑末飞入眼睛。
(5)使用电器设备时，必须严格遵守操作规程，以防止触电。
(6)要做到文明实习，工作场地要保持整洁。使用的工具、量具要分类安放，工件、毛坯和原材料应堆放整齐。
(7)钻床使用的安全要求：
①工作前，对所用钻床和工具、夹具、量具要进行全面检查，确认无误后方可操作。
②工件装夹必须牢固可靠，工作中严禁戴手套。
③手动进给时，一般按照逐渐增压和逐渐减压原则进行，用力不可过猛，以免造成事故。
④钻头上绕有长铁屑时，要停下钻床，然后用刷子或铁钩将铁屑清除。
⑤不准在旋转的刀具下翻转、夹压或测量工件，手不准触摸旋转的刀具。
⑥摇臂钻的横臂回转范围内不准有障碍物，工作前横臂必须夹紧。
⑦横臂和工作台上不准存放物件。

⑧工作结束后,将横臂降低到最低位置,主轴箱靠近立柱,并且要夹紧。
(8)砂轮机使用的安全要求:
①砂轮机启动后应运转平稳,若跳动明显应及时停机修整。
②砂轮机旋转方向要正确,磨屑只能向下飞离砂轮。
③砂轮机托架和砂轮之间距离应保持在3mm以内,以防工件扎入造成事故。
④操作者应站在砂轮机侧面,磨削时不能用力过大。
各工种的安全技术在实习中务必严格遵守。

思 考 题

1. 了解安全生产的重要性。
2. 熟悉各工种的安全技术。

第二篇 车工实习

【目的和要求】

1. 了解车削加工的工艺特点及加工范围。

2. 熟悉卧式车床的组成及各部分的作用,了解卧式车床的型号及传动系统,掌握卧式车床的主要调整方法并能正确调整卧式车床。

3. 掌握普通车刀的组成、安装与刃磨,了解车刀的主要角度及作用;了解刀具切削部分材料的性能要求及常用刀具材料并能独立刃磨与安装车刀。

4. 熟悉车削时常用的工件装夹方法、特点和应用,了解常用量具的种类和使用方法,了解卧式车床常用附件的大致结构和用途。

5. 掌握车外圆、车端面、车内圆、钻孔、车螺纹以及切槽、切断、车圆锥面、车成形面的车削法和测量方法,熟悉车削所能达到的尺寸精度、表面粗糙度值范围,能独立加工一般中等复杂程度零件并具有一定的操作技能。

6. 了解机械加工车间生产安全技术及简单经济分析。

第5章 概 述

车削是机械加工的主要加工方法,用于加工零件上的回转体表面。车工所用的设备是车床,所用的刀具主要是车刀,还可用钻头、铰刀、丝锥、滚花刀等。一般车床加工的尺寸公差等级为 IT9~IT7,表面粗糙度 Ra 值可达 $1.6\mu m$。

5.1 车削特点及加工范围

5.1.1 车削工作的特点

在车床上,工件旋转,车刀在平面内作直线或曲线移动的切削称为车削。车削是以工件旋转为主运动、车刀纵向或横向移动为进给运动的一种切削加工方法。

5.1.2 车削加工范围

车削加工范围如图 5.1 所示。

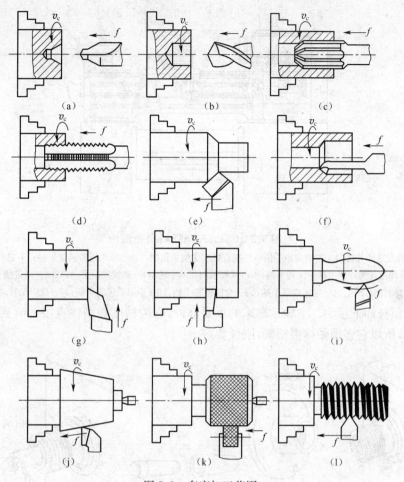

图 5.1 车床加工范围
(a)钻中心孔；(b)钻孔；(c)铰孔；(d)攻螺纹；(e)车外圆；(f)车孔；
(g)车端面；(h)切槽；(i)车成形面；(j)车锥面；(k)滚花；(l)车螺纹。

5.2 卧式车床

5.2.1 卧式车床的组成

车床的种类很多，其中卧式车床应用最广泛，图 5.2 为卧式车床的外形图。它由以下几部分组成。

1. 床身

床身是用来支承和连接车床各个部件，并且保证各个部件之间有正确的相对位置的基础件。床身上面有供床鞍和尾座移动用的导轨。床身由床脚支撑并固定在地基上。

2. 主轴箱

主轴箱又称变速箱，内装主轴和主轴变速机构。主轴右端有外螺纹，用以连接卡盘、拨盘等附件，内部有锥孔，用以安装顶尖，如图 5.3 所示。主轴为空心结构，以便装夹细长

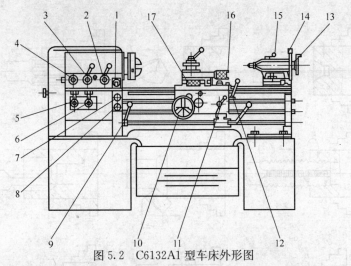

图 5.2 C6132A1 型车床外形图

1—电机变速开关;2,3—主轴变速手柄;4—左右螺纹变换手轮柄;5,6—螺距进给调整手柄;7—总停按钮;
8—冷却液开关;9—主轴正反转手柄;10—床鞍纵向移动手轮;11—螺纹进给手柄;12—自动进给手柄;
13—套筒移动手柄;14—尾座锁紧手柄;15—套筒锁紧手柄;16—小刀架进给手柄;17—横刀架移动手柄。

棒料和用顶杆卸下顶尖。主轴是车床的重要部件,它的精度和刚性直接影响到被加工零件的精度,所以它必须做得很精确,刚性要好。

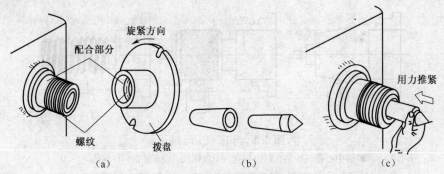

图 5.3 主轴头部结构及附件的安装

(a)拨盘等附件与主轴的连接;(b)用顶尖套时,顶尖套的孔与顶尖需擦净后紧配;
(c)主轴孔与顶尖套仔细擦净,试配良好后,用力推紧。

电动机经带轮和轴上的齿轮带动主轴旋转。主轴不同的转速是通过操纵主轴箱外面的变速手柄,变换各种不同传动比的齿轮啮合或离合器而获得的。

在任一种主轴转速下,改变交换齿轮的位置均可使进给箱的轴正转或反转;更换不同齿数的交换齿轮,可使连接进给箱的轴得到不同的转速。

3. 进给箱

用以传递进给运动和改变进给速度。

主轴经交换齿轮传入进给箱的运动,通过滑动齿轮和塔形齿轮及另一对齿轮传至光杠,或经离合器传至丝杠。移动变速手柄以改变滑动齿轮在塔形齿轮上的啮合位置,便可使光杠或丝杠获得不同的转速。

4. 溜板箱

通过溜板箱可使光杠带动刀架作纵向或横向进给运动,既可机动,也可手动。溜板箱还可使丝杠带动刀架作纵向移动,以便车削螺纹。溜板箱带动光杠或丝杠由外面的光杠—丝杠手柄决定。

5. 光杠和丝杠

光杠和丝杠将进给箱的传动传给溜板箱。车外圆、车端面等自动进给时用光杠传动,丝杠只用于车削螺纹,手动进给时光杠和丝杠都可以不用。为防止两者同时转动损坏设备,光杆和丝杆之间有互锁作用,即光杆转丝杆则不转。

6. 刀架

刀架是用来夹持车刀并使其作纵向、横向或斜向进给运动的。如图 5.4 所示,它包括以下各部分。

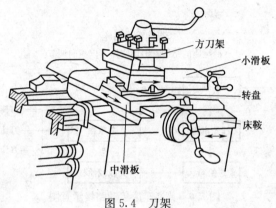

图 5.4 刀架

(1)移置床鞍。它与溜板箱连接,可沿床身导轨作纵向移动,上面有横向导轨。

(2)中滑板。它可沿移置床鞍上的导轨作横向移动。

(3)转盘。它与中滑板用螺钉紧固。松开螺钉,便可在水平面旋转任意角度。

(4)小滑板。它可沿转盘上的小导轨作短距离移动。将转盘转动若干角度后,可使小滑板作斜向进给,以便车削圆锥面。

(5)方刀架。它用来装夹和转换车刀,可同时安装 4 把车刀。换刀时,松开手柄,即可转动方刀架,把所需的车刀转到工作位置。工作时,必须旋紧手柄把方刀架固定住。

7. 尾座

尾座用来安装顶尖以支持较长的工件,也可安装钻头、铰刀等刀具。它的位置可以沿床身的导轨移动。尾座装上顶尖后,顶尖的高度与主轴的轴线高度是一致的,所以安装车刀时可参照顶尖的高度决定车刀刀尖的高度。

尾座由下列几部分组成(图 5.5)。

(1)套筒。其左端有锥孔,用于安装顶尖或锥柄刀具。套筒在尾座体内的左右位置可用手轮调节,并可用锁紧手柄固定。将套筒退到右边位置时,即可卸出顶尖或刀具。

(2)尾座体。它与底座相连,当松开固定螺钉后,就可用调节螺钉调整顶尖的横向位置,如图 5.5(b)所示。

(3)底座。它直接支撑于床身的导轨上。

5.2.2 卧式车床的传动系统

普通车床传动路线示意图如图 5.6 所示,传动系统图如图 5.7 所示。

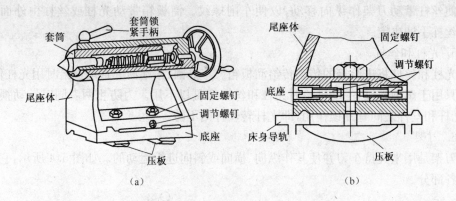

图 5.5 尾座
(a)尾座的结构;(b)尾座体可以横向调节。

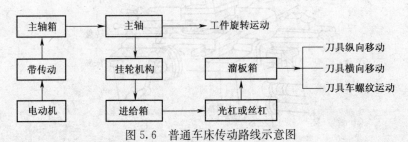

图 5.6 普通车床传动路线示意图

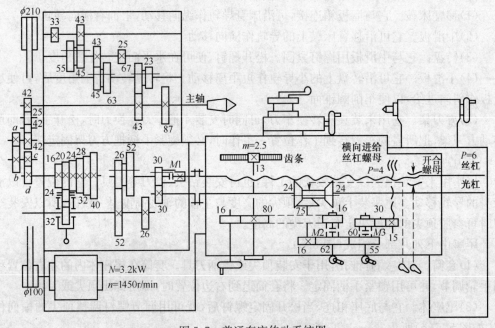

图 5.7 普通车床传动系统图

C6132A1 车床的传动系统分为如下两种。

1. 车床的主运动系统

C6132A1 车床主轴转速在 25r/min～1600r/min 的范围内共有 12 种转速。

2. 车床的进给系统

为了适应各种不同的加工要求,对于主轴的每一种转速,车床的进给量应有一定的变化范围。C6132A1车床对主轴的每一种转速,进给箱可变化20种进给量。

5.2.3 卧式车床的型号

机床型号的编制,是采用汉语拼音和阿拉伯数字按一定的规律组合排列的,用以表示机床的类型、结构特性和主要技术规格。例如,C6132A1型卧式车床,型号中的代号及数字含义如下:

C——机床类别代号(车床类);
6——组别代号(落地及卧式车床);
1——系别代号(卧式车床);
32——主要参数代号(最大车削直径320mm×10mm);
A1——重大改进顺序号,第一次重大改进。

即C6132表示最大切削直径为320mm的卧式车床。

实习操作一　车床操作练习

C6132A1车床操纵系统如图5.2所示。

1. 停车练习

为了安全操作,必须进行如下停车练习。

(1)正确变换主轴转速。转动主轴箱上面的主轴变速手柄2、3及电机变速开关1,可得到各种相对应的主轴转速。当手柄拨动不顺利时,可用手稍转动卡盘即可。

特别注意:为免损坏齿轮,必须停机后才可变换主轴转速!

(2)正确变换进给量。进给控制由3个手柄实现。手柄4用来控制螺纹旋向,按所选定的进给量查看进给箱上面的标牌。再按标牌上的位置来变换螺距进给量选择手柄5、6的位置,即可得到所选定的进给量。

手柄5、6可实现螺距或进给量的变换,当手柄5垂直左右摆动自左至右有1个~6个挡位变换(图5.8);手柄5外摆一个角度并左右摆,自左至右也有(A~F)6个挡位变换。把此两排挡位按照螺纹进给量标牌适当组合即可获得螺纹和进给量的基本规格。

右边的手柄6垂直左右摆动,自左至右有(Ⅰ~Ⅴ)5个挡位,可实现螺距或进给量的

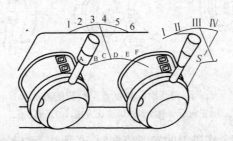

图5.8　螺距进给选择手柄示意图

成倍增大或缩小(倍增机构);当手柄外摆左右移动有 S、M 两个挡位,分别接通光杠(S)或丝杠(M)。

提示:手柄 5、6 可在中低速下进行。

(3)熟练掌握纵向和横向手动进给手轮的转动方向。操作时,左手握手轮 10。右手握手柄 17。逆时针转动手轮 10,溜板箱左进(移向主轴箱),顺时针转动,则溜板箱右退(退向床尾);顺时针转动手柄 17,刀架前进,逆时针转动,则刀架返回。

(4)熟练掌握纵向或横向机动进给的操作。如将纵、横机动进给选择手柄 12 向身体前方推,即可横向机动进给;如将手柄 12 向身体侧后方扳下,即可纵向机动进给;如扳到中间则停止纵向或横向机动进给。

注意:必须在机床启动后,才可扳动手柄 12 选择纵向或横向机动进给;停机前,先把手柄 12 扳到中间位置停止纵向或横向机动进给。

(5)尾座的操作。尾座靠手动移动,其固定方式是靠紧固螺栓螺母锁紧的。转动手轮 13,可使套筒在尾座内移动。转动手柄 15,可将套筒固定在尾座内。

(6)刻度盘的原理及应用。车削工件时,为了准确和迅速地掌握切削深度,通常利用横滑板(中滑板)或小滑板上的刻度盘作为进刀的参考依据。

①原理。横滑板(中滑板)的刻度盘装在横向进给丝杠端头上,当摇动手柄 17 一圈时,横向进给丝杠转动,刻度盘也随之转动一圈。这时因丝杠轴向固定,固定在横滑板上与丝杆连接的螺母就带动横滑板、刀架及车刀一起移动一个螺距。横向进给丝杠的螺距为 4mm(单线),与手柄一起转动的刻度盘一周等分 80 格,当摇动横滑板手柄一周时,横滑板移动 4mm,则刻度盘每转过一格时,横滑板的移动量为 $4mm \div 80 = 0.05mm$。

小滑板的刻度盘用来控制车刀短距离的纵向移动,其刻度原理与中滑板刻度盘相同。

②应用。由于丝杠与螺母之间的配合存在间隙,在摇动丝杠手柄时,滑板会产生空行程(即丝杠带动刻度盘已转动,而滑板并未立即移动)。因此,使用刻度盘时要反向先转动适当角度,再正向慢慢摇动手柄,带动刻度盘到所需的格数,如图 5.9 所示;如果摇动时不慎多转动了几格,这时绝不能简单地退回到所需的位置,如图 5.9(b)所示,而必须向相反方向追回全部空行程(通常反向转动 1/2 圈),再重新摇动手柄使刻度盘转到所需的刻度位置,如图 5.9(c)所示。

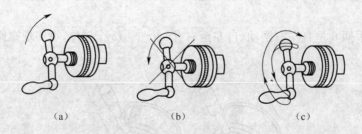

图 5.9　消除刻度盘空行程的方法
(a)正向摇动刻度盘;(b)错误方法;(c)正确方法。

利用横、小滑扳刻度盘作进刀的参考依据时,必须注意:横滑板刻度控制的切削深度是工件直径上余量尺寸的 1/2,而小滑板刻度盘的刻度值,则直接表示工件长度方向上的余量。

2. 低速开车练习

首先应检查各手柄是否处于正确位置,确认其正确无误后再进行主轴启动和机动纵向、横向进给练习。

(1)主轴启动与停止。电动机启动—操纵主轴转动—停止主轴转动—关闭电动机。

(2)机动进给。电动机启动—操纵主轴转动—手动纵、横进给—机动纵向进给—手动退回—机动横向进给—手动退回—停止主轴转动—关闭电动机。

操作要点:

(1)开车后严禁变换主轴转速,否则会发生机床事故。开车前要检查各手柄是否处于正确位置,如没有到位,则主轴或机动进给就不会接通。

(2)纵向和横向手动进退方向不能摇错,如把退刀摇成进刀,会使工件报废。

(3)横向进给手动手柄 10 每转过一格,刀具横向吃刀为 0.05 mm,其圆柱体直径方向切削量为 0.1mm。

5.3 车 刀

生产实践证明,合理选用和正确刃磨车刀,对保证产品质量、提高生产效率有着极其重要的意义。

5.3.1 车刀的种类和用途

1. 车刀的种类

车刀按用途可分为外圆车刀、端面车刀、切断刀、车孔刀、成形车刀、螺纹车刀和可转位车刀。硬质合金刀片不需焊接,耐磨性好,当刀片的一个切削刃磨损后,只需转换一个新切削刃即可。这大大缩短了换刀和刃磨车刀的时间,且提高了刀杆的利用率,节约了辅助工作时间,提高了生产率。

2. 车刀的用途

车刀的主要用途如下:

(1)90°车刀(偏刀)。它用来车削工件的外圆、台阶和端面。

(2)45°弯头车刀。它用来车削外圆、端面和倒角。

(3)切断刀。它用来切断工件或在工件上切槽。

(4)车孔刀。它用来车削工件的内孔。

(5)成形车刀。它用来车削工件的特殊表面。

(6)螺纹车刀。它用来车削螺纹。

(7)可转位车刀。它用来车削外圆、端面和倒角。

5.3.2 车刀的几何形状

1. 车刀的组成

车刀是由刀头和刀柄两部分组成的。刀头部分担负切削工作,故称切削部分;刀柄用于把车刀装夹在刀架上,故又称为夹持部分。刀头由以下几部分组成(图 5.10)。

(1)前面。前面指切屑流出时所经过的表面。

(2)主后面。刀具上同前面相交形成主切削刃的后面。该面与工件上的过渡表面相对。

(3)副后面。刀具上同前面相交形成副切削刃的后面。该面与工件上的已加工表面相对。

(4)主切削刃。起始于切削刃上主偏角为零的点,并至少有一段切削刃拟用来在工件上切出过渡;表面的那个整段切削刃。它担负主要切削工作。

(5)副切削刃。切削刃上除主切削刃以外的刃,亦起始于主偏角为零的点,但它向背离主切削刃的方向延伸。它担负部分切削工作。

(6)刀尖。指主切削刃和副切削刃的连接处相当少的一部分切削刃。它通常由一小段被称为过渡刃的小圆弧替代。过渡刃有直线型和圆弧型两种。此外还有修光刃,它是副切削刃前端一窄小的平直切削刃。

所有车刀都有上述组成部分,但数目不完全相同,典型的外圆车刀由三面二刃一刀尖组成,而切断刀则是四面三刃二刀尖组成。此外,根据不同车刀,切削刃可以是直线的,也可以是曲线的。

2. 车刀的辅助平面

为了确定和测量车刀的几何角度,需要列出以下 3 个辅助平面作为基准,即基面、主切削平面和正交平面(图 5.11)。

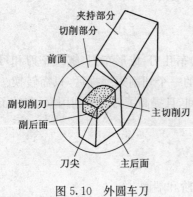

图 5.10 外圆车刀

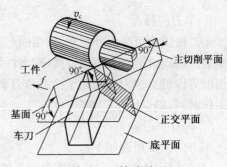

图 5.11 辅助平面

(1)基面。主切削刃选定点的平面,它平行或垂直于刀具在制造、刃磨及测量时适合于安装或定位的一个平面或轴线,一般说来其方位要垂直于假定的主运动方向。

(2)主切削平面。通过主切削刃选定点与主切削刃相切并垂直于基面的平面。

(3)正交平面。通过主切削刃选定点并同时垂直于基面和切削平面的平面。

假定进给速度 $v_f=0$,并且主切削刃选定点与工件旋转中心等高度,该点基面正好为水平面,则 3 个平面相互垂直,构成一空间坐标。

3. 车刀的几何角度及作用

车刀切削部分有 5 个独立的基本角度:前角(γ_0)、后角(α_0)、主偏角(κ_r)、副偏角(κ'_r)、刃倾角(λ_s),如图 5.12 所示。

在正交平面上测量的角度如下:

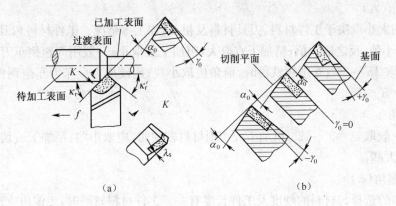

图 5.12 车刀的几何角度
(a)车刀的主要标注角度；(b)前角的正与负。

(1)前角(γ_0)。前面与基面之间的夹角。前角的主要作用是影响切削刃锋利和切削刃的强度,前角大能减小切削变形和摩擦力,使切削轻松,排屑方便,但对切削刃的强度有影响。

(2)后角(α_0)。主后面与切削平面之间的夹角。后角的作用是影响主后面与工件间的摩擦、切削刃的强度和锋利程度。

在基面上测量的角度如下：

(3)主偏角(κ_r)。它是主切削平面与假定工作平面之间的夹角。它的作用是改变刀具与工件的受力情况和刀头的散热条件及切削刃的磨损。

(4)副偏角(κ_r')。它是副切削平面与假定平面之间的夹角。它的作用是减少副后面与工件已加工表面之间的摩擦,影响已加工表面的粗糙度。

在主切削平面内测量的角度如下：

(5)刃倾角(λ_s)。主切削刃与基面之间的夹角。它可以控制切屑流向和影响刀头的强度,如图 5.13 所示。

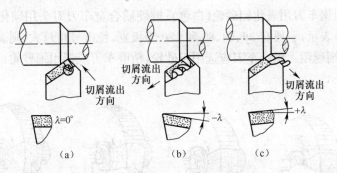

图 5.13 刃倾角及对切屑流向的影响

5.3.3 车刀角度的选择

车刀角度的选择和切削用量、刀具材料及被加工材料等诸种因素有关。所以,选择刀具角度,务必多方考虑,综合分析。下面提供几种主要角度的选择原则。

1. 前角(γ_o)

前角的大小取决于工件材料、刀具材料及粗、精加工等情况。工件材料和刀具材料硬度高，γ_o取小值，反之取大值；精加工宜取大，粗加工宜取小；一般用高速钢车刀车削钢件时，前角可取 15°～25°；车削铸铁件时，前角应取小些；用硬质合金车刀车削钢件时，前角一般取 $\gamma_o=5°\sim 15°$。

2. 后角(α_o)

后角一般取 $\alpha_o=3°\sim 12°$，粗加工或切削材料较硬时，应取小些；精加工或切削材料较软时，可选大些。

3. 主偏角(κ_r)

主偏角的选择与材料的硬度及工件长度有关。工件材料较硬时，主偏角应选大些；反之则应选小。当加工细长轴时，主偏角应选大，否则易将工件顶弯。通常 κ_r 选择 45°、60°、75°和 90°几种。

4. 副偏角(κ'_r)

副偏角较大时，刀具与工件的摩擦力减小，但是切削时的残留面积将增大，表面粗糙度增大。所以，粗加工时应取大些，精加工时可取小些。一般取 $\kappa'_r=5°\sim 15°$。

5. 刃倾角(λ_s)

当 $\lambda_s=0$ 时，切屑沿垂直于主切削刃的方向流出，如图 5.13(a)所示；当刀尖为主切削刃最低点时，λ_s 为负值，切屑流向已加工表面，如图 5.13(b)所示；当刀尖为主切削刃最高点时，λ_s 为正值，切屑流向待加工表面，如图 5.13(c)所示。精加工时，为避免切屑划伤已加工表面，λ_s 应取正值或零；粗加工时，为提高刀头强度，λ_s 可取负值；一般 λ_s 取 $-5°\sim +12°$。

实习操作二　刃 磨 车 刀

未经使用和用钝后的车刀必须刃磨，以得到所需的形状和角度。车刀是在砂轮机上刃磨的。磨高速钢车刀用氧化铝砂轮(白色)；磨硬质合金车刀刀头用碳化硅砂轮。砂轮的粗细以粒度号表示，一般有 36、60、80 和 120 等级别，粒度号角越大，则表示组成砂轮的磨粒越细，反之则越粗。粗磨车刀应选用粗砂轮，精磨车刀应选用细砂轮。刃磨车刀的步骤如图 5.14 所示。

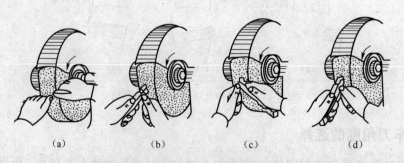

图 5.14　磨外圆车刀的一般步骤
(a)磨前面；(b)磨主后面；(c)磨副后面；(d)磨刀尖圆弧。

(1)磨主后面。按主偏角大小将刀杆向左偏斜,再将刀头向上翘,使主后面自下而上慢慢地接触砂轮(图5.14(a))。

(2)磨副后面。按副偏角大小将刀杆向右偏斜,再将刀头向上翘,使副后面自下而上慢慢地接触砂轮(图5.14(b))。

(3)磨前面。先将刀杆尾部下倾,再按前角大小倾斜前面,使主切削刃与刀杆底部平行或倾斜一定角度,再使前面自下而上慢慢地接触砂轮(图5.14(c))。

(4)磨刀尖圆弧过渡刃。刀尖上翘,使过渡刃有后角,为防止圆弧刃过大,需轻靠或轻摆刃磨(图5.14(d))。

经过刃磨的车刀,用油石加少量机油对切削刃进行研磨,可以提高刀具耐用度和工件表面的加工质量。刃磨车刀时应注意下列事项。

(1)启动砂轮机刃磨刀具时,操作者应站在砂轮侧面,以防砂轮破碎时受伤。

(2)刃磨时,两手握稳车刀,使刀柄靠近支架,并使受磨面轻贴砂轮。切忌猛撞砂轮,以免砂轮破碎。

(3)应使刃磨的车刀在砂轮圆周上左右移动,使砂轮磨耗均匀,不出沟槽。应避免在砂轮两侧面用力粗磨车刀,以致砂轮受力偏摆、跳动,甚至破碎。

(4)磨高速钢车刀时,发热后应置于水中冷却,以防止车刀升温过高而回火软化。但磨硬质合金车刀时,不应沾水,以免产生裂纹。

(5)磨好刀具后要随手关闭电源。

按照图5.15所示车刀的几何形状和角度,每人刃磨一把车刀。

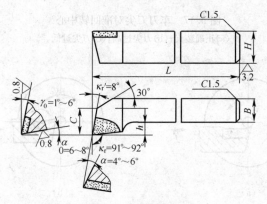

图5.15　90°外圆车刀

实习操作三　安装车刀

锁紧方刀架后,选择不同厚度的刀垫垫在刀杆下面,刀头伸出的长度不能过长,拧紧刀杆紧固螺栓后再使刀尖对准工件中心线,如图5.16所示。

安装车刀时应注意以下事项。

(1)安装后的车刀刀尖必须对准工件的回转中心(即与工件轴线等高(图5.17(a)),如车刀刀尖高于工件的回转中心(图5.17(b)),会使车刀的实际后角减小,车刀后面与工件之间的摩擦增大;如车刀刀尖低于工件回转中心(图5.17(c)),会使车刀的实际前角减

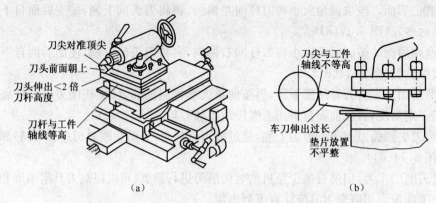

图 5.16 车刀的安装
(a)正确；(b)错误。

小,切削阻力增大。车刀刀尖没有对准工件的回转中心,在车削端面至中心时会在工件上留有凸头或造成刀尖崩碎(图 5.18)。

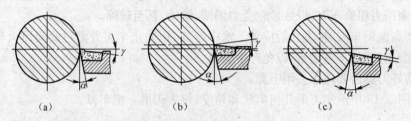

图 5.17 车刀刀尖对准回转中心
(a)正确装夹；(b)刀尖过高；(c)刀尖过低。

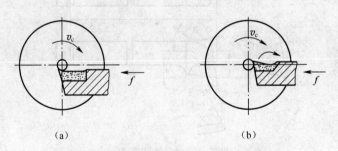

图 5.18 车刀刀尖未对准工件回转中心的结果
(a)留有凸头；(b)刀尖崩碎。

(2)车刀刀杆中心线还必须与工件轴线垂直,即与进给方向垂直或平行,这样才能发挥刀具的切削性能。

(3)车刀垫片应平整、无毛刺、厚度均匀。合理调整每把车刀下面所用刀垫的片数,垫片数量应尽量少,型片应与刀架边缘对齐。

(4)车刀装在刀架上的伸出部分的长度应尽量短。一般为刀杆高度的 1 倍～15 倍,应小于车刀刀杆厚度的两倍。伸出过长会使其刚性变差,车削时容易引起振动,影响加工质量。

(5)夹紧车刀的紧固螺栓至少拧紧两个,拧紧后扳手要及时取下以防发生安全事故。

5.4 工件在车床上的装夹方法

在车床上装夹工件的基本要求是定位准确、夹紧可靠。定位准确就是工件在机床或夹具中必须有一个正确位置,即车削的回转体表面中心应与车床主轴中心重合。夹紧可靠就是工件夹紧后能承受切削力,不改变定位并保证安全,且夹紧力适度以防工件变形,保证加工工件质量。在车床上常用三爪自定心卡盘、顶尖、中心架等附件来装夹工件,在成批大量生产中还可以用专用夹具来装夹工件。

5.4.1 用三爪自定心卡盘安装工件

三爪自定心卡盘是车床上应用最广的通用夹具,适合于安装短棒料或盘类工件,构造如图 5.19 所示。当卡盘扳手插入任一个小锥齿轮的四方孔中转动时,均能带动大锥齿轮转动,大锥齿轮背面的平面螺纹带动 3 个卡爪沿卡盘体的径向槽同时作向心或离心移动,以夹紧或松开不同直径的工件。

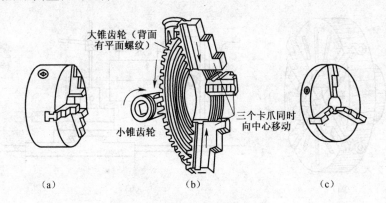

图 5.19 三爪自定心卡盘
(a)三爪自定心卡盘外形;(b)三爪自定心卡盘结构;(c)反爪自定心卡盘。

由于三爪自定心卡盘是同时移动安装工件的,可自动对中心,但定位精度较低,其对心精度为 0.05mm～0.15mm。一般不需找正,装夹方便迅速。但因其夹紧力小,主要用来安装截面为圆形、正六角形的中小型轴类、盘类零件。当工件直径较大时,可换上反爪装夹(图 5.20(e))。图 5.20 所示为三爪自定心卡盘安装不同工件的方法。

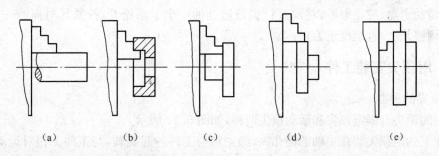

图 5.20 三爪自定心卡盘安装工件举例
(a)夹持棒料;(b)用卡爪反撑内孔;(c)夹持小外圆;(d)夹持大外圆;(e)用反爪夹持大直径工件。

三爪自定心卡盘安装工件时应注意下列事项。

(1)毛坯上的飞边、凸台应避开卡爪的位置。

(2)毛坯外圆应尽可能夹深,夹持长度不得小于10mm,不宜夹持长度较小而又有明显锥度的毛坯外圆面。

(3)工件必须找正夹牢。先轻轻夹紧工件,低速开车检验。若有偏摆应停车找正,再紧固工件。

(4)在满足加工要求的情况下,尽可能减小伸出长度,防止工件被车刀顶弯、顶落,造成打刀等事故。

5.4.2 用四爪单动卡盘装夹工件

四爪单动卡盘外形如图5.21(a)所示,它的四个爪通过4个螺杆可独立移动,除装夹圆柱体工件外,还可以装夹方形、长方形等形状不规则的工件。装夹时,必须用划线盘或百分表进行找正,以使车削的回转体表面中心对准车床主轴中心。图5.21(b)所示为用百分表找正的方法,其精度可达0.01mm。

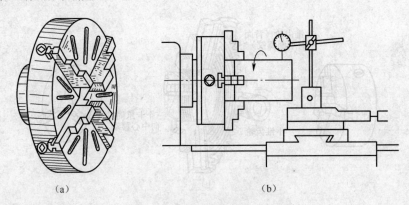

图5.21 四爪单动卡盘装夹工件
(a)四爪单动卡盘;(b)用百分表找正。

按划线找正工件的方法如下:

(1)使划针靠近工件上划出的加工界线。

(2)慢慢转动卡盘,先校正端面,在离针尖最近的工件端面上用小锤轻轻敲击,至各处距离相等。

(3)转动卡盘,校正中心,将离开针尖最远处的一个卡爪松开,拧紧其对面的一个卡爪,反复调整几次,直至校正为止。

5.4.3 用顶尖安装工件

1. 顶尖的种类

常用的顶尖有固定顶尖和活动顶尖两种,如图5.22所示。

车床上的前顶尖装在主轴的锥孔内,随主轴与工件一起旋转,与工件无相对运动,不发生摩擦,故用固定顶尖。后顶尖装在尾座套筒内,当低速切削时,由于摩擦力不大,一般也用固定顶尖。但高速切削时,为防止后顶尖与中心孔摩擦发热或烧损,应用活动顶尖,

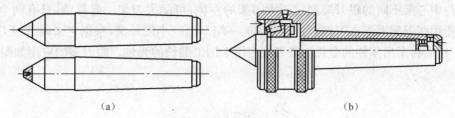

图 5.22 顶尖
(a)固定顶尖;(b)活动顶尖。

加工时顶尖与工件一起转动。当工件轴端直径很小,不便加工中心孔时,可将轴端车成 60°圆锥体,顶在固定顶尖中心孔中,如图 5.21(a)所示。

2. 中心孔的结构与作用

中心孔是轴类工件在顶尖上安装的定位基面,A 型中心孔的 60°锥面配合里端的小圆孔,可保证锥孔与顶尖锥面配合贴切,并可储存少量润滑油(黄油)。B 型中心孔外端的 120°锥面又称保护锥面,用以保护 60°锥孔的外缘不被碰坏。

A 型和 B 型中心孔,分别用相应的中心钻在车床、钻床或专用机床上加工,如图 5.23 所示。

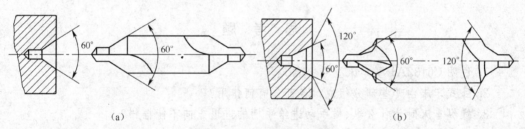

图 5.23 中心钻与中心孔
(a)A 型中心孔;(b)B 型中心孔。

5.4.4 中心架和跟刀架的使用

加工细长轴时,为了防止轴受切削力的作用而产生弯曲变形,往往需要加用中心架或跟刀架。

中心架固定于床身上,其 3 个爪支承于零件预先加工的外圆面上。图 5.24 是利用中心架车外圆,零件的右端加工完毕,调头再加工另一端。一般多用于加工阶梯轴。

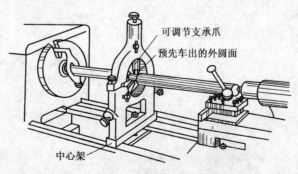

图 5.24 用中心架车外圆

与中心架不同的跟刀架固定于大刀架的左侧,可随大刀架一起移动,只有两个支承爪。使用跟刀架需先在工件上靠后顶尖的一端车出一小段外圆,根据它来调节跟刀架的支承,然后再车出零件的全长。跟刀架多用于加工细长的光轴。跟刀架的应用如图5.25所示。

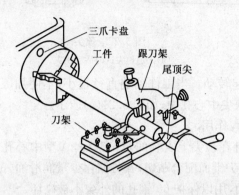

图 5.25 跟刀架的应用

思 考 题

1. 说明 C6132A1 型车床型号的意义。
2. 卧式车床由哪些部分组成？各部分有何作用？
3. 操纵车床时为什么纵、横手动进给手柄的进退方向不能摇错？
4. 试变换主轴转速和进给量。
5. 刃磨和安装车刀时的注意事项是什么？

第6章 车削基本工艺

车削基本工艺有车端面、车外圆及台阶、切槽、切断、钻孔、车孔、车圆锥面、车成形面、车螺纹和滚花。

6.1 车端面

对工件端面进行车削的方法称为车端面。车端面采用端面车刀,当工件旋转时,移动床鞍(或小滑板)控制吃刀量,横滑板横向走刀便可进行车削。车削可由工件外线向中心进行车削,也可由中心向外缘车削。

常用的端面车刀和车端面的方法,如图6.1所示。

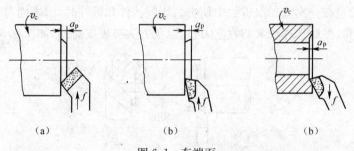

图 6.1 车端面
(a)45°弯头刀车端面;(b)偏刀车端面(由外向中心);(c)偏刀车端面(由中心向外)。

车端面时应注意以下几点。

(1)车刀的刀尖应对准工件的中心,以免车出的端面中心留有凸台。

(2)偏刀车端面,当背吃刀量较大时,容易扎刀。而且到工件中心时是将凸台一下子车掉的,因此也容易损坏刀尖。弯头刀车端面,凸台是逐渐车掉的,所以车端面用弯头刀较为有利。

(3)由于车削时被切部分直径不断变化,从而引起切削速度的变化。所以车大端面时要适当调整转速,使车刀在靠近工件中心处的转速高些,靠近工件外圆处的转速低些。

(4)车直径较大的端面,当背吃刀量较大时,若出现凹心或凸肚,应检查车刀或方刀架是否锁紧,以及床鞍是否松动,应将床鞍紧固在床身上。

(5)车削要求较高的端面应分粗、精车,并采用试切法进行加工。

6.2 车外圆及台阶

车外圆及台阶的常用车刀如图6.2所示。

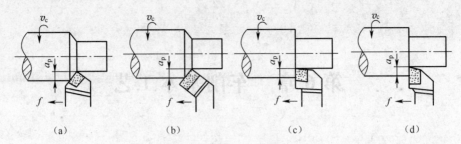

图 6.2 车外圆及常用车刀
(a)尖头刀车外圆;(b)45°弯头刀车外圆;(c)右偏刀车外圆;(d)圆弧刀车外圆。

尖头刀主要用来车外圆。45°弯头刀和右偏刀既可车外圆,又可车端面,应用较为普遍。右偏刀主要用来切削带台阶的工件,又因其切削时径向力比较小,不易顶弯工件,所以也常用来车细长轴的外圆。带有圆弧的刀尖可用来车削带有过渡圆弧表面的外圆。

1. 车外圆

车外圆时根据精度和表面粗糙度的不同要求,常需经过粗车和精车两个步骤。

粗车的目的是最大限度地从毛坯上切去大部分加工余量,使工件接近于最后形状和尺寸。粗车时,精度和表面粗糙度要求不高,故背吃刀量可选大些(0.8mm～2.5mm),尽可能将粗车余量在一次或二次进给中切去。切削铸件和锻件时,因表面有硬皮,可先车端面,或者先倒角,然后选择较大的背吃刀量,以免刀尖被硬皮磨损,如图 6.3 所示。

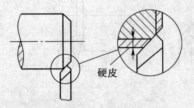

图 6.3 粗车铸、锻件的背吃刀量

粗车的进给量在机床、刀具的强度、工件的强度及工件的刚度不受限制的情况下,应尽量取大一些(1.03mm/r～1.2mm/r),以提高生产率。

切削速度的选择与背吃刀量、进给量、刀具和工件材料等因素有关。例如用高速钢车刀切削钢料时,切削速度为 $v_c=0.3m/s\sim 1m/s$;用硬质合金刀具切削时,切削速度为 $v_c=1m/s\sim 3m/s$。车削硬钢时比切削软钢时切削速度低些,而车削铸铁件又比车削钢件时切削速度低些,不用切削液时,切削速度也要低些。

根据所选择的切削速度,再按照具体车床所附转速表,选用最接近的转速。

精车时为了保证工件的尺寸精度和表面粗糙度要求,可采取以下措施。

(1)合理选择精车刀的角度,加大前角使刃口锋利,减小副偏角或刀尖磨成小圆弧使已加工面残留面积减小,前、后角及刀尖圆弧用油石磨光等均可降低工件表面粗糙度。精车外圆时一般用 90°偏刀。

(2)合理选择切削用量,用较大的切削速度、较小的进给量和背吃刀量可减小已加工表面的残留面积。

(3)合理使用切削液,如低速精车钢件时用乳化润滑液,低速精车铸件时用煤油润滑,均可获得较低的表面粗糙度。

(4)采用试切法,试切方法如图 6.4 所示。

在调节背吃刀量时,应尽可能利用横向进给手柄上的刻度盘,以便迅速而准确地控制尺寸。

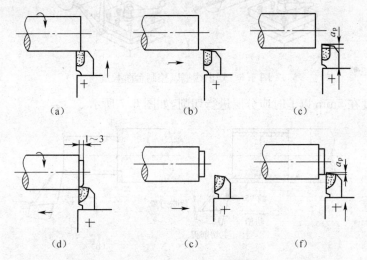

图 6.4 试切的方法与步骤

(a)开车对刀,使车刀与工件表面轻微接触;(b)向右退出车刀;(c)横向进刀;
(d)切削 1mm～3mm;(e)退出车刀,进行度量;(f)如果尺寸不到,再进刀。

使用刻度盘时,应注意下列事项。

(1)熟悉所使用车床刻度盘每转过一格时车刀的移动量。在 C6132A1 车床中,中滑板刻度盘每转一小格,车刀横向移动的距离为丝杠螺距/刻度盘总格数＝4mm/200＝0.02mm。因此车外圆时,刻度盘每顺时针转动一小格,工件直径减小 0.04mm。

(2)手柄必须慢慢转动,以使刻度线对准所需位置。由于丝杠和螺母间有间隙,当手柄转过了头或试切后发现尺寸太小而需退回车刀时,应反转约一圈后,再转至所需位置。

2. 车台阶

轴上的台阶面可在车外圆时同时车出。图 6.5 所示为车削低台阶(台阶高度在 5mm 以下)时的情况,为使车刀的主切削刃垂直于轴线,装刀时用 90°角尺对准。

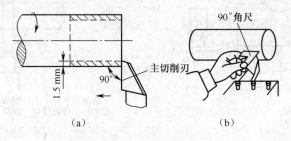

图 6.5 车低台阶

(a)一次车出;(b)用 90°角尺对刀。

为使台阶长度符合要求,可用刀尖预先刻出线痕,以此作为加工的界限,如图 6.6 所示。

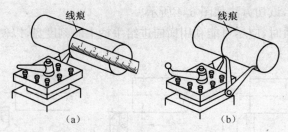

图 6.6 划出线痕以控制台阶长度

台阶高度在 5mm 以上时应分层进行切削,如图 6.7 所示。

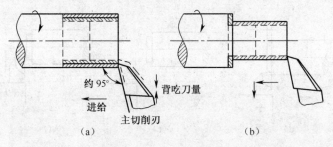

图 6.7 高台阶分层车出
(a)偏刀主切削刃和工件轴线约成 95°,分多次纵向进给车削;
(b)在末次纵向进给后,车刀横向退出,车平台阶。

6.3 切 槽

1. 切槽刀的角度及安装

切槽要用切槽刀(图 6.8(a)),切槽刀如同右偏刀和左偏刀并在一起,同时车左、右两个端面。按图 6.8(b)所示方法安装切槽刀。

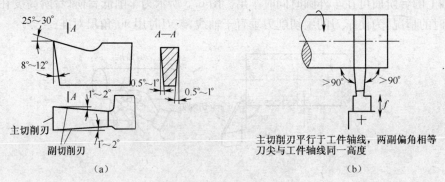

图 6.8 切槽刀及安装
(a)切槽刀;(b)切槽刀的正确位置。

2. 切槽的方法

根据沟槽在零件上的位置可分为外槽、内槽与端面槽,如图 6.9 所示。

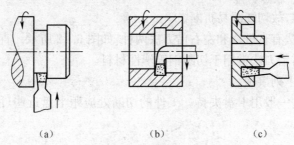

图 6.9 车槽的形状
(a)切外槽;(b)切内槽;(c)切端面槽。

当切削宽度小于 5mm 的窄槽时,可用主切削刃与槽等宽的切槽刀,在横向进刀时一次车出。

切削宽度大于 5mm 的宽槽时,可按图 6.10 所示方法切削。末一次精车的顺序,如图 6.10(c)中 1、2、3 所示。

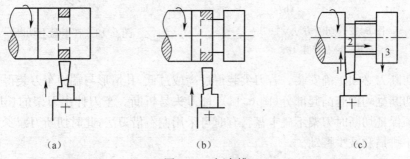

图 6.10 切宽槽
(a)第一次横向送进;(b)第二次横向送进;(c)末一次横向送进后再以纵向送进精车槽底。

3. 切槽的尺寸测量

槽的宽度和深度粗略测量时可用钢直尺,也可用游标卡尺和千分尺测量,如图 6.11 所示。

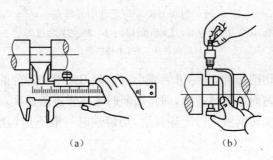

图 6.11 测量外槽
(a)用游标卡尺测量槽宽;(b)用千分尺测量槽的底径。

6.4 切 断

切断用切断刀,切断刀与切槽刀形状相似,但因刀头窄而长,切断时伸进工件内部,散热条件差、排屑困难,故切断时易折断。

常用的切断方法有直进法和左右借刀法两种,如图 6.12 所示。直进法常用于切断铸铁等脆性材料;左右借刀法常用于切断钢等塑性材料。

切断时应注意下列事项。

(1)切断时工件一般用卡盘夹持。工件的切断处应距卡盘近些(图 6.13),以免切削时工件振动。

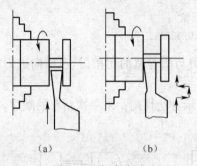 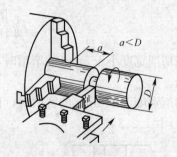

图 6.12　切断方法　　　　　　　　　　图 6.13　在卡盘上切断
(a)直进法;(b)左右借刀法。

(2)切断刀必须正确安装。若刀尖装得过高或过低,其情形与端面车刀装得过高或过低相似,切断处均得有凸起部分(图 6.14),且刀头易折断。车刀伸出刀架的长度不要过长,但必须保证切断时刀架不碰卡盘。有时可采用左右借刀法,此时切断刀减少了一个摩擦面,便于排屑和减少振动。

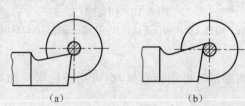

图 6.14　切断刀尖应与工件中心等高
(a)切断刀安装过低,刀头易被压断;(b)切断刀安装过高,
刀具后面顶住工件,不易切削。

(3)切断时应降低切削速度,并尽可能减小主轴和刀架滑动部分的间隙。

(4)切断时用手均匀而缓慢地进给,即将切断时需放慢进给速度,以免刀尖折断。

(5)切削钢件时需加切削液进行冷却润滑,切铸铁时一般不加切削液,但必要时可用煤油进行冷却润滑。

实习操作四　粗车外圆及端面

选取直径为 ϕ90mm、长度为 125mm 的灰铸铁棒料(HT150)为毛坯,粗车后的直径为 ϕ85mm、长度为 120mm。

(1)装夹工件。由于铸件毛坯表面粗糙不平整,在用三爪自定心卡盘装夹时,一定要使三个爪全部接触外圆表面后再夹紧,以防松动。

(2)安装车刀。选用主偏角 $\kappa_r=45°$ 的外圆车刀,按要求安装在方刀架上。

(3)切削用量 $a_p \leqslant 2mm$,$f=0.1mm/r \sim 0.2mm/r$,$v_c=60m/min \sim 100m/min$($n=285r/min \sim 476r/min$),按此切削用量来调整车床。

(4)粗车端面及外圆。先车一端的端面和外圆,再调头装夹车另一端面和外圆。车第一刀的背吃刀量要大于硬皮的厚度,以防刀具磨损,另外,外圆尺寸可用试切法控制。

实习操作五 粗、精车外圆和端面

以粗车后的铸铁棒为坯料,按图 6.15 所示工件的尺寸和表面粗糙度要求,进行粗、精车外圆和端面。

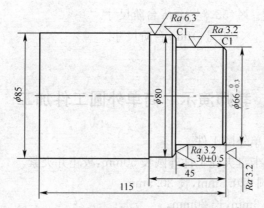

图 6.15 粗、精车外圆和端面工件图(材料:HT150)

(1)装夹工件。用三爪自定心卡盘夹紧工件,其夹紧长度为 50mm 左右。

(2)安装车刀。选用主偏角 $\kappa_r=45°$ 和 $\kappa_r \geqslant 90°$ 的偏刀两把,按要求装在方刀架上。

(3)切削用量。精车铸铁的切削用量为 $a_p=0.1mm \sim 0.5mm$、$f=0.05mm/r \sim 0.1mm/r$、$v_c=40m/min \sim 60m/min$($n=150r/min \sim 225r/min$),精车时按此用量调整车床。

(4)粗、精车端面和外圆。先用 45°外圆端面车刀车端面,见平即可。接下来用 90°外圆偏刀粗、精车外圆及台阶端面,先粗车 $\phi 80 \times 45mm$ 尺寸,再粗车 $\phi 67 \times 29mm$ 尺寸,最后用试切法精车 $\phi 66_{-0.2}^{0} \times (30_{-0.5}^{+0.5})mm$ 尺寸。车好后用 45°车刀倒角。

实习操作六 车台阶和钻中心孔

图 6.15 所示为精车后的工件,以它为坯料,按图 6.16 所示工件的尺寸、形位公差要求进行车削台阶和钻中心孔。加工步骤如下:

(1)以 $\phi 66_{-0.2}^{0}mm$ 和长度为 $30_{-0.5}^{+0.5}mm$ 台阶面为定位基准。

(2)车端面,$\phi 66_{-0.2}^{0}$ 保证长度为 80mm。

(3)钻 $\phi 4mm$ 中心孔。

(4)粗、精车 $\phi 68_{-0.2}^{0} \times (70_{-0.2}^{+0.2})mm$ 台阶尺寸。

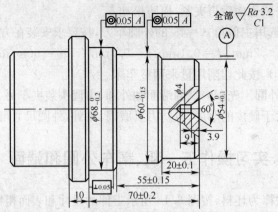

图 6.16 车台阶和钻中心孔工件图(材料:HT150)

(5)粗、精车 $\phi 60_{-0.15}^{0} \times (55_{-0.15}^{+0.15})$ mm 台阶尺寸。
(6)粗、精车 $\phi 54_{-0.1}^{0} \times (20_{-0.1}^{+0.1})$ mm 台阶尺寸。
(7)倒角。

教师演示　简单外圆工件加工

图 6.17 所示为简单外圆工件。
(1)用三爪自定心卡盘夹住工件外圆长 50mm,校正并夹紧。
(2)粗车端面、外圆 $\phi 20.5$ mm,长 30.5mm。
(3)粗车外圆 $\phi 16.3$ mm,长 20mm。
(4)精车端面,外圆 $\phi 16_{-0.2}^{0}$ mm,长 20mm,倒角 C1,表面粗糙度 $Ra3.2\mu$m。
(5)精车外圆 $\phi 20$ mm±0.1mm,长 10.5mm,表面粗糙度 $Ra3.2\mu$m,切断。
(6)调头夹住 $\phi 16_{-0.2}^{0}$ mm 外圆,台阶面紧贴卡爪,校正夹紧工件。
(7)精车端面,保证总长 30mm±0.2mm,倒角 C1,表面粗糙度 $Ra3.2\mu$m。
(8)检查质量后取下工件。

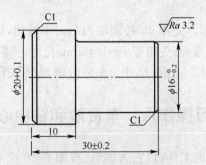

图 6.17 简单外圆工件(材料:HT150)

6.5　钻　孔

在车床上钻孔时,工件的旋转为主运动,钻头的移动为进给运动,如图 6.18 所示。钻孔时因孔内散热、排屑困难,麻花钻的刚性也较差,因此钻头进给应缓慢。在钢件上钻孔时通常要加切削液,以降低切削温度,提高钻头的使用寿命。

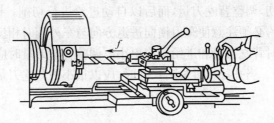

图 6.18 在车床上钻孔

钻孔的步骤及方法如下:

(1)车平端面。为便于钻头定中心,防止偏钻,应先将工件端面车平,最好在端面处车出一小坑。

(2)装夹钻头。锥柄钻头直接装在尾座套筒的锥孔中,直柄钻头用钻夹头夹持。钻头锥柄和尾座套筒的锥孔必须擦干净、套紧。

(3)调整尾座位置。调整好尾座位置,使钻头能进给至所需长度,同时使套筒伸出距离较短,然后将尾座固定。

(4)开车钻削。钻削时,切削速度不应过大,以免钻头剧烈磨损。通常取 $v_c=0.3\text{m/s}\sim 0.6\text{m/s}$。开始钻削时进给宜慢,以便使钻头准确地钻入工件,然后加大进给。孔将钻通时,需降低进给速度,以防折断钻头。孔钻完后,先退出钻头,然后停车。

钻削过程中,需经常退出钻头排屑。钻削钢件时,需加切削液。

钻孔的精度低、表面粗糙,因此,钻孔常作为扩孔、铰孔或车孔的预备工序。

6.6 车 孔

在车床上车孔可以扩大孔径,提高精度,降低表面粗糙度和纠正原孔的轴线偏差。车孔刀制造简单,刀杆细而长,刀头较小。大直径和非标准孔都可以加工,通用性强。图 6.19 所示为车孔时的工作情形。

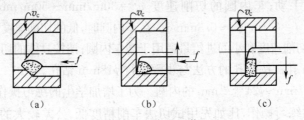

图 6.19 车孔工作
(a)车通孔;(b)车不通孔;(c)车槽。

车孔的步骤和方法如下:

(1)选择和安装车刀。车通孔应采用通孔车刀,车不通孔用不通孔车刀。车刀杆应尽可能粗些,伸出刀架的长度应尽可能小,以免颤动。刀尖与孔中心等高或略高些。刀杆中心线应大致平行于纵向进给方向。

(2)选择切削用量和调整机床。车孔时因刀杆细,刀头散热体积小,且不加切削液,因此,车削用量应比车外圆时小些。

(3)粗车。先试切,调整背吃刀量,而后以自动进给进行切削。试切方法与车外圆时类似。调整背吃刀量,必须注意使车刀横向进退方向与车外圆时相反。

(4)精车。精车时背吃刀量和进给量应更小。调整背吃刀量时应利用刻度盘,并用游标卡尺检查工件孔径。当孔径接近最后尺寸时,应以很小的背吃刀量车削几次,以消除孔的锥度。

实习操作七　钻孔和车内圆

以图 6.20 所示的工件为坯料,按图 6.21 所示工件的内圆直径尺寸公差和表面粗糙度要求进行钻孔和车内圆。

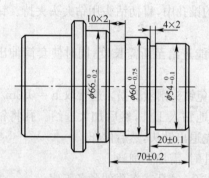

图 6.20　切槽工件图(材料:HT150)

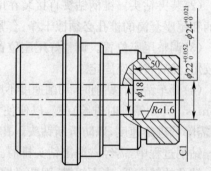

图 6.21　钻孔和车内圆工件图(材料:HT150)

(1)安装工件。以 $\phi 66_{-0.2}^{0}$ mm 和长度为 30 ± 0.5 mm 台阶面(图 6.15)为定位基准,用三爪自定心卡盘装夹。

(2)安装钻头和内圆车刀。把直径为 $\phi 18$ mm 的钻头装在尾座套筒内,选择不通孔内圆车刀安装在方刀架上。

(3)切削用量。钻孔的切削速度 $v_c=20$m/min～40m/min($n=350$r/min～700r/min),进给采用手动;车内圆的切削速度 $v_c=30$m/min～50m/min($n=400$r/min～720r/min),进给量 $f=0.1$mm/r～0.3mm/r。在车内圆时,低的切削速度和大的进给量适用于粗车内圆,高的切削速度和小的进给量适用于精车内圆;请按具体的切削现量调整车床。

(4)钻 $\phi 18$mm 孔。按钻孔的方法与步骤进行 $\phi 18$mm 钻孔。

(5)车 $\phi 22_{0}^{+0.052}$mm～$\phi 24_{0}^{+0.021}$mm 的内圆。为了增加学生的练习操作时间,可选取几个不同的尺寸公差供练习操作,比如先用试切法车削精度低、公差较大的内圆 $\phi 22_{0}^{+0.052}$mm,$\phi 23_{0}^{+0.052}$mm,最后用试切法车削精度高、公差较小的内圆 $\phi 24_{0}^{+0.021}$mm。

实习操作八　用内径百分表测量孔的内径

先用游标卡尺测量内径,再用百分表或内径千分尺测量内径。用百分表测量内径时,根据内径尺寸把内径百分表的可换触头换成 15mm～35mm 量程的触头,利用外径千分尺校对其尺寸,使表的指针调零。测量时,表的触头接触孔壁,左右移动摇杆,其最大读数值为内径值。百分表大指针每转过 1r 为 1mm,每转过的一小格为 0.01mm;百分表小指针每转过一小格为 1mm,测量方法如图 6.22 所示。

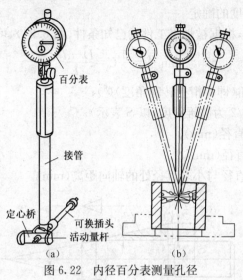

图 6.22 内径百分表测量孔径

6.7 车圆锥面

在机械制造中,除采用圆柱体和圆柱孔作为配合表面外,还广泛采用圆锥体和圆锥孔作为配合表面。圆锥面配合紧密,不但装拆方便,而且多次拆卸仍能保证准确的定心作用,锥度较小的锥面还可传递转矩,所以应用很广。常用车削锥面的方法有转动小滑板法和偏移尾座法。

1. 转动小滑板法

转动小滑板法,就是将小滑板沿顺时针或逆时针方向按工件的圆锥半角 α/2 转动一个角度,使车刀的运动轨迹与所需加工圆锥在水平轴平面内的素线平行,用双手配合均匀不间断转动小滑板手柄,手动进给车削圆锥面的方法,如图 6.23 所示。

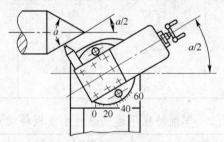

图 6.23 转动小滑板车圆锥面

1)转动小滑板车外圆锥面的特点
(1)能车削圆锥角 α 较大的圆锥面。
(2)能车削整圆锥表面和圆锥孔,应用范围广,且操作简单。
(3)在同一工件上车削不同锥角的圆锥面时,调整角度方便。

(4)只能手动进给,劳动强度大,工件表面粗糙度值较难控制,只适用于单件、小批量生产。

(5)受小滑板行程的限制,只能加工素线长度不长的圆锥面。

2)小滑板法转动角度的确定

小滑板转动的角度,根据被加工工件的已知条件(图 6.24),可求得。

$$\tan\frac{\alpha}{2}=\frac{1}{2}C=\frac{D-d}{2L}$$

式中 $\alpha/2$——圆锥半角(即小滑板转动角度)(°);

C——锥度($\tan\alpha/2$ 为圆锥斜度,以 S 表示);

D——圆锥大端直径(mm);

d——圆锥小端直径(mm);

L——圆锥大端直径与小端直径处的轴向距离(mm)。

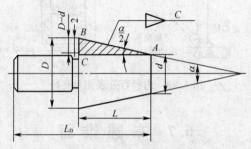

图 6.24 圆锥的计算

车削常用的标准锥度(一般用途和特殊用途)圆锥时,小滑板转动角度见表 6.1 和表 6.2。

表 6.1 车削一般用途圆锥时小滑板转动角度

基本值	锥度 C	小滑板转动角度	基本值	锥度 C	小滑板转动角度
120°	1:0.289	60°	1:8	—	3°34′35″
90°	1:0.500	45°	1:10	—	2°51′45″
75°	1:0.652	37°30′	1:12	—	2°23′09″
60°	1:0.866	30°	1:15	—	1°54′33″
45°	1:1.207	22°30′	1:20	—	1°25′56″
30°	1:1.866	15°	1:30	—	0°57′17″
1:3	—	9°27′44″	1:50	—	0°34′23″
1:5	—	5°42′38″	1:100	—	0°17′11″
1:7	—	4°05′08″	1:200	—	0°08′36″

表 6.2 车削特殊用途圆锥时小滑板转动角度

基本值	锥度 C	小滑板转动角度	备 注
7:24	1:3.429	8°7′50″	机床主轴、工具配合
1:19.002	—	1°30′26″	莫氏锥度 No.5
1:19.180	—	1°29′36″	莫氏锥度 No.6
1:19.212	—	1°29′27″	莫氏锥度 No.0

(续)

基本值	锥度 C	小滑板转动角度	备注
1:19.245	—	1°29′15″	莫氏锥度 No.4
1:19.922	—	1°26′16″	莫氏锥度 No.3
1:20.020	—	1°25′50″	莫氏锥度 No.2
1:20.047	—	1°25′43″	莫氏锥度 No.1

3) 外圆锥面的车削方法

(1) 车刀的装夹。车刀的装夹方法及车刀刀尖对准工件回转中心的方法与车端面时装刀方法相同。车刀的刀尖必须严格对准工件的回转中心，否则车出的圆锥素线不是直线，而是双曲线。

(2) 转动小滑板的方法。用扳手将小滑板下面转盘上的两个螺母松开，按工件上外圆锥面的倒、顺方向确定小滑板的转动方向；根据确定的转动角度($\alpha/2$)和转动方向转动小滑板至所需位置，使小滑板基准零线与圆锥半角 $\alpha/2$ 刻线对齐，然后锁紧转盘上的螺母。

① 车削正外圆锥（又称顺锥）面，即圆锥大端靠近主轴、小端靠近尾座方向，小滑板应逆时针方向转动，如图 6.25 所示。

② 车削反外圆锥（又称倒锥）面，小滑板则应顺时针方向转动。

当圆锥半角 $\alpha/2$ 不是整数值时，其小数部分用目测的方法估计，大致对准后，再通过试车逐步找正。

注意：转动小滑板时，可以使小滑板转角略大于圆锥半角 $\alpha/2$，但不能小于 $\alpha/2$。转角偏小会使圆锥素线车长而难以修正圆锥长度尺寸，如图 6.26 所示。

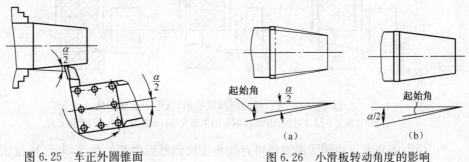

图 6.25 车正外圆锥面　　图 6.26 小滑板转动角度的影响
(a) 起始角大于 $\alpha/2$；(b) 起始角小于 $\alpha/2$。

(3) 小滑板链条的调整。车削外圆锥面前，应检查和调整小滑板导轨与链条间的配合间隙。

配合间隙调得过紧，手动进给费力，小滑板移动不均匀；配合间隙调得过松，则小滑板间隙太大，车削时刀纹时深时浅。配合间隙调整应合适，过紧或过松都会使车出的锥面表面粗糙度值增大，且圆锥的素线不直。

(4) 粗、精车外圆锥面。

① 按圆锥大端直径（增加 1mm 余量）和圆锥长度将圆锥部分先车成圆柱体。

② 移动中、小滑板，使车刀刀尖与轴端外圆面轻轻接触，如图 6.27(a) 所示。然后将小滑板向后退出，中滑板刻度调至零位，作为粗车外圆锥面的起始位置。

③按刻度移动中滑板向前进切并调整吃刀量,开动车床,双手交替转动小滑板手柄,手动进给速度应保持均匀和不间断,如图 6.27(b)所示。当车至终端,将中滑板退出,小滑板快速后退复位。

④反复步骤③,调整吃刀量、手动进给车削外圆锥面,直至工件能塞入套规约 1/2 为止。

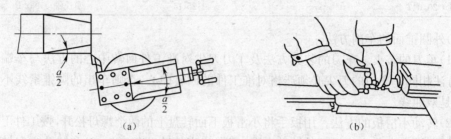

图 6.27 车外圆锥面
(a)确定起始位置;(b)手动进给车削外圆锥面。

⑤检测圆锥锥角,找正小滑板转角。

a. 用套规检测圆锥锥角 将套规轻轻套在工件上,用手捏住套规左、右两端分别上下摆动(图 6.28(a)),应均无间隙。若大端有间隙(图 6.28(b)),说明圆锥锥角太小;若小端有间隙(图 6.28(c)),说明圆锥锥角太大。这时可松开转盘螺母,按需用铜锤轻轻敲动小滑板使其微量转动,然后拧紧螺母。试车后再检测,直至找正为止。

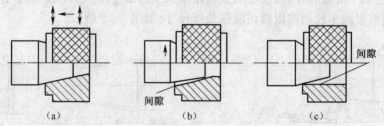

图 6.28 用套规检测圆锥锥角,找正小滑板转角
(a)用套规上下摆动观察间隙部位判定圆锥角大小;(b)锥角太小;(c)锥角太大。

b. 用万能角度尺检测圆锥锥角 将万能角度尺调整到要测的角度,基尺通过工件中心靠在端面上,刀口尺靠在圆锥面素线上,用透光法检测(图 6.29)。

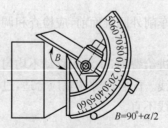

$B=90°+\alpha/2$

图 6.29 用万能角度尺
透光法检测锥角

c. 用角度样板透光检测圆锥锥角(图 6.30)。角度样板属于专用量具,用于成批和大量生产。用角度样板检测快捷方便,但精度较低,且不能测得实际的角度值。

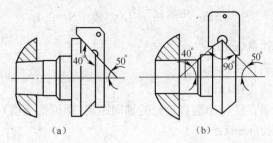

图 6.30 用角度样板检测锥齿轮坯角度

⑥找正小滑板转角后,粗车圆锥面,留精车余量 0.5mm～1mm,精车外圆锥面。

小滑板转角调整准确后,精车外圆锥面主要是提高工件的表面质量和控制外圆锥面的尺寸精度。

因此精车外圆锥面时,车刀必须锋利、耐磨,进给必须均匀、连续。

注意:车削中只能通过手动小滑板进给进行操作,严禁使用机动纵向进给。机动纵向进给时,虽然小滑板已扳转了角度,但刀具仍按外圆表面移动,故车出的是外圆表面而非锥面。

2. 偏移尾座法

1)偏移尾座法及其特点

偏移尾座法车削外圆锥面,就是将尾座上层滑板横向偏移一个距离 S,使尾座偏移后,前、后两顶尖连线与车床主轴轴线相交成一个等于圆锥半角 $\alpha/2$ 的角度,当床鞍带着车刀沿着平行于主轴轴线方向移动切削时,工件就车成一个圆锥体,如图 6.31 所示。

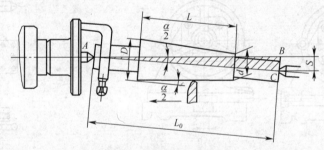

图 6.31 偏移尾座车外圆锥面

偏移尾座车外圆锥面的特点如下:

(1)适宜于加工锥度小(一般 $\alpha/2<8°$)、精度不高、锥体较长的工件;受尾座偏移量的限制,不能加工锥度大的工件。

(2)可以用纵向机动进给车削,使加工表面刀纹均匀,表面粗糙度值小,表面质量较好。

(3)由于工件需用两顶尖装夹,因此不能车削整锥体,也不能车削圆锥孔。

(4)因顶尖在中心孔中是歪斜的,接触不良,所以顶尖和中心孔磨损不均匀。

2)尾座偏移量的计算

用偏移尾座法车削圆锥时,尾座的偏移量不仅与圆锥长度有关,而且还与两顶尖之间的距离有关,这段距离一般可近似地看作工件的全长 L_0。尾座偏移量为

$$S = L_0 \tan \frac{\alpha}{2} = \frac{D-d}{2L} L_0 \quad \text{或} \quad S = \frac{C}{2} L_0$$

式中　S——尾座偏移量(mm)；

　　　D——圆锥大端直径(mm)；

　　　d——圆锥小端直径(mm)；

　　　L——圆锥大端直径与小端直径处的轴向距离(即圆锥长度)(mm)；

　　　L_0——工件全长(mm)；

　　　C——锥度。

先将前、后两顶尖对齐(尾座上、下层零线对齐)，然后根据计算所得偏移量 S，采用以下几种方法偏移尾座上层。

3)偏移尾座的方法

(1)利用尾座刻度偏移。先松开尾座紧固螺母，然后用六角扳手转动尾座上层两侧的螺钉1、2进行调整。车削正锥时，先松螺钉1，紧螺钉2，使尾座上层根据刻度值向里(向操作者)移动距离 S(图 6.32)；车削倒锥时则相反。然后拧紧尾座紧固螺母。

这种方法简单方便，一般尾座上有刻度的车床都可以采用。

(2)利用横滑板刻度偏移。在刀架上夹持一端面平整的铜棒，摇动横滑板手柄使铜棒端面与尾座套筒接触，记下横滑板刻度值，根据计算所得偏移量 S 算出横滑板刻度应转过的格数移动横滑板(图 6.33)，注意消除中滑板丝杠的间隙影响，然后移动尾座上层，使尾座套筒与铜棒端面接触为止。

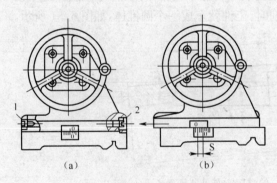

图 6.32　用尾座刻度偏移尾座的方法
(a)零线对齐；(b)偏移距离 S。

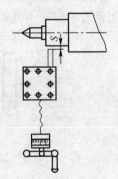

图 6.33　用横滑板刻度
偏移尾座的方法

(3)利用百分表偏移。将百分表固定在刀架上，使百分表的测量头与尾座套筒接触(百分表的测量轴线应在尾座套筒的水平轴平面内，并垂直于尾座套筒轴线)，调整百分表使指针处于零位，然后按偏移量调整尾座，当百分表指针转动至 S 值时，把尾座固定，如图 6.34 所示。

利用百分表能准确调整尾座偏移量。

(4)利用锥度量棒或样件偏移。先将锥度量棒(或标准样件)安装在两顶尖之间，在刀架上固定一百分表，使百分表测量头与锥度量棒素线接触(百分表测量杆应位于锥度量棒的水平轴平面内，并垂直于主轴轴线)，然后偏移尾座，纵向移动床鞍，使百分表在锥度量棒圆锥面两端的读数一致后，固定尾座，如图 6.35 所示。

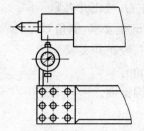

图6.34 用百分表偏移尾座的方法　　图6.35 用锥度量棒偏移尾座的方法

使用这种方法偏移尾座,必须选用与加工工件等长的锥度量棒或标准样件,否则加工出的锥度是不正确的。

注意:由于尾座偏移量的计算公式中,用两顶尖间距离近似看作工件全长,计算结果所得的偏移量 S 为近似值。所以除利用锥度量棒或标准件偏移尾座之外,其他3种按 S 值偏移尾座的方法都必须经试切和逐步修正来达到精确的圆锥半角,以满足工件的要求。

4)外圆锥面的车削方法

(1)工件的装夹。

①调整尾座在车床上的位置,使前、后两顶尖间的距离为工件总长,此时尾座套筒伸出尾座的长度应小于套筒总长的1/2。

②工件两端中心孔内加黄油脂,装鸡心夹头,将工件装夹在两顶尖间,松紧程度以手能轻轻拨转工件且工件无轴向蹿动为宜。

(2)粗、精车外圆锥面。由于工件采用两顶尖装夹;选择切削用量时应适当降低。粗车外圆锥面时,可以采用机动进给。粗车圆锥面长度达1/2长时,须进行锥度检查,检测圆锥角度是否正确,方法与转动小滑板法车外圆锥面时的检测方法相同。若锥度 C 偏大,则反向偏移,微量调整尾座,即减小尾座偏移量 S;若锥度 C 偏小,则同向偏移,微量调整尾座,即增大尾座偏移量 S。反复试车调整,直至圆锥角调整正确为止。然后粗车外圆锥面,留精车余量 0.5mm~1.0mm,精车外圆锥面。

注意:批量生产时,工件的总长和中心孔的大小、深浅必须保持一致;否则,加工出的工件锥度将不一致。

实习操作九　转动小滑板手动进给车莫氏4♯锥棒

如图6.36所示,尺寸为 $\phi45 \times 125mm$。

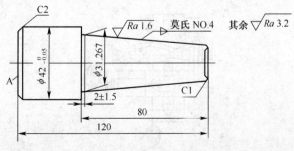

图6.36 莫氏4♯锥棒(材料:45钢)

(1) 用三爪自定心卡盘夹持棒料外圆伸出长度 50mm 左右,校正并夹紧。
(2) 车端面 A,粗、精车外圆 $\phi 42_{-0.05}^{0}$ mm,长度大于 40mm 至要求,倒角 $C2$。
(3) 调头夹持住 $\phi 42_{-0.05}^{0}$ mm 外圆,伸出长度 85mm 左右,校正并夹紧。
(4) 车端面 B,保证总长 120mm,车外圆 $\phi 32$mm,长 80mm。
(5) 小滑板逆时针转动圆锥半角($\alpha = 1°29'15''$),粗车外圆锥面。
(6) 用套规检查锥角并调整小滑板转角。
(7) 精车外圆锥面至尺寸要求。
(8) 倒角 $C1$,去毛刺。
(9) 用标准莫氏套规检测,合格后卸下工件。

6.8 车成形面

用成形加工方法进行的车削称为车成形面。

1. 成形面的用途与车削方法

有些零件如手柄、手轮、圆球等,为了使用方便且美观、耐用等原因,它们的表面不是平直的,而要做成曲面;有些零件如材料力学实验用的拉伸试验棒、轴类零件的连接圆弧等,为了使用上的某种特殊要求需把表面做成曲面。上述的这种具有曲面形状的表面被称为成形面(或特形面),如图 6.37 所示。

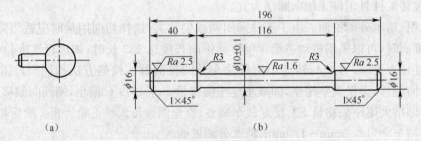

图 6.37 具有成形面的零件
(a)圆球;(b)拉伸试件。

成形面的车削方法主要有 3 种:用普通车刀车削、用成形车刀车削、靠模法车削。这里只介绍用普通车刀车削成形面。

用普通车刀车削成形面方法也称为双手摇法,它是靠双手同时摇动纵向和横向进给手柄进行车削的,以使刀尖的运动轨迹符合工件的曲面形状,如图 6.38 所示。

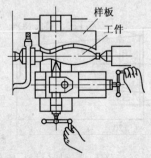

图 6.38 双手控制法车成形面

车削时所用的刀具是普通车刀,还要用样板对工件反复度量,最后用锉刀和砂布修整,使工件达到尺寸公差和表面粗糙度的要求。这种方法要求操作者具有较高技术,但不需特殊工具和设备,在生产中被普遍采用。这种方法多用于单件小批生产,其加工方法如图 6.39 所示。

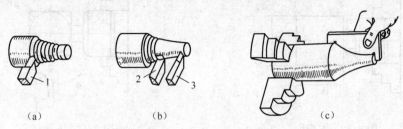

图 6.39　普通车刀车成形面
(a)粗车台阶;(b)用双手控制粗、精车轮廓;(c)用样板测量。
1—尖刀;2—偏刀;3—圆弧刀。

(1)圆球部分长度计算。单球手柄(图 6.40)的圆球部分长度为

$$L=\frac{1}{2}(D+\sqrt{D^2-d^2})$$

式中　L——圆球部分的长度(mm);
　　　D——圆球的直径(mm);
　　　d——柄部直径(mm)。

(2)车刀移动速度分析。双手控制法车圆球时,车刀刀尖在圆球各不同位置处的纵、横向进给速度是不相同的,如图 6.41 所示。车刀从 a 点出发至 c 点,纵向进给速度由快→中→慢;横向进给速度则由慢→中→快。也就是在车削 a 点时,中滑板的横向进给速度要比床鞍(或小滑板)的纵向进给速度慢;在车削 b 点时,横向与纵向进给速度基本相等;在车削 c 点时,横向进给速度要比纵向进给速度快。

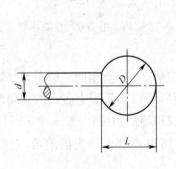

图 6.40　单球手柄计算

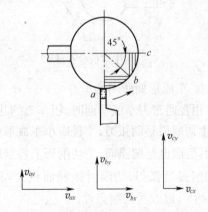

图 6.41　车刀纵、横向移动速度的变化

(3)单球手柄车削。
①先车圆球直径 D 和柄部直径 d 以及根据上式计算所得圆球部分长度 L,留精车余量 0.2mm～0.3mm,如图 6.42 所示。
②用半径 R 为 2mm～3mm 的圆头车刀从 a 点向左(c 点)、右(b 点)方向逐步把余量

车去,如图 6.43 所示。

③在 c 点处用切断刀修清角。

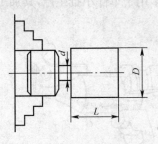

图 6.42 车圆柱

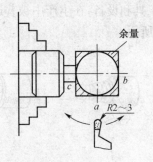

图 6.43 车圆球

(4)修整。由于双手控制法为手动进给车削,工件表面不可避免地留下高低不平的刀痕,所以必须用细齿纹平锉进行修光,再用 1 号或 0 号砂布砂光。

(5)球面的检测。为保证球面的外形正确,在车削过程中应边车边检测。检测球面的常用方法如下:

①用样板检查。用样板检查时,样板应对准工件中心,观察样板与工件之间间隙的大小,并根据间隙情形进行修整(图 6.44)。

②用千分尺检测。用千分尺检测时,千分尺测微螺杆轴线应通过工件球面中心,并应多次变换测量方向,根据测量结果进行修整。合格的球面,各测量方向所测得的量值应在图样规定的范围内(图 6.45)。

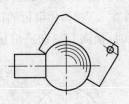

图 6.44 用样板检查球面

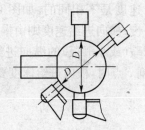

图 6.45 用千分尺检测球面

2.车成形面所用的车刀

用普通车刀车成形面时,粗车刀的几何角度与普通车刀完全相同。精车刀是圆弧车刀,主切削刃是圆弧刃,半径应小于成形面的圆弧半径,所以圆弧刃上各点的偏角是变化的,其后面也是圆弧面,主切削刃上各点后角不宜磨成相等的角度,一般 $\alpha_0=6°\sim 12°$。由于切削刃是弧刃,切削时接触面积大,易产生振动,所以要磨出一定的前角,一般 $\gamma_0=10°\sim 15°$,以改善切削条件。

6.9 车 螺 纹

螺纹的种类很多,有米制螺纹和英制螺纹;按牙型分有三角形螺纹、梯形螺纹、矩形螺纹等(图 6.46)。其中普通米制三角形螺纹应用最广泛。这些螺纹都可在车床上加工。

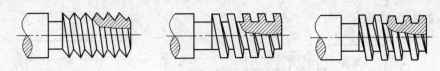

图 6.46 螺纹的种类
(a)三角形螺纹;(b)矩形螺纹;(c)梯形螺纹。

图 6.47 标注了三角形螺纹各部分的名称代号。螺距用 P 表示,牙形角用 α 表示,其他各部分名称及基本尺寸如下:

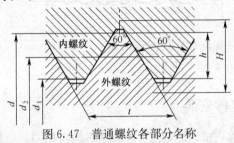

图 6.47 普通螺纹各部分名称

螺纹中径 $d_2 = d - 0.65P$
螺纹内径 $d_1 = d - 1.08P$
理论牙高 $H = 0.866P$
工作牙高 $h = 0.54P$

(1)牙形角(也叫螺纹角)α。螺纹角是在轴线方向剖面内,螺纹两侧面所成的夹角。米制三角形螺纹,$\alpha=60°$,英制螺纹 $\alpha=55°$。

(2)螺距 P。轴向螺距是沿轴线方向相邻两牙对应点之间的距离。米制螺纹的螺距以 mm 为单位,且已标准化。英制螺纹的螺距以每英寸牙数来表示。

(3)螺纹中径 d_2。它是平分螺纹理论高度 H 的一个假想圆柱体直径。在中径处螺纹牙厚与槽宽相等。只有当内外螺纹的中径都一致时,二者才能很好地配合。

车削螺纹时,必须在上述 3 个要素都符合要求时,螺纹才是合格的。

6.9.1 传动原理

车螺纹时,为了获得准确的螺距,必须用丝杠带动刀架进给,使工件每转一周,刀具移动的距离等于工件的螺距。例如车螺距为 2mm 的螺纹,则工件每转一周,刀具必须移动 2mm。因此,刀架的移动必须由丝杠带动,以保证严格的传动比关系。主轴至丝杠的传动路线如图 6.48 所示。由图可见,更换交换齿轮或改变进给箱传动比,即可改变丝杠的转速,从而车出不同螺距的螺纹。

6.9.2 螺纹车刀及安装

为了获得准确的螺纹截面形状,螺纹车刀的刀尖角 ε_r 应与被切螺纹的截面形状相符,如图 6.49 所示,同时车刀前角 $\gamma_0 = 0°$,粗车精度要求较低的螺纹,常带有 $5°\sim15°$ 正前角,以便顺利切削。

安装螺纹车刀时,车刀刀尖必须与工件中心等高,否则螺纹的截面将有改变。此外,车刀刀尖角的等分线须垂直于工件回转中心线。为了保证这一要求,应用对刀样板来安装车刀,如图 6.49 所示。

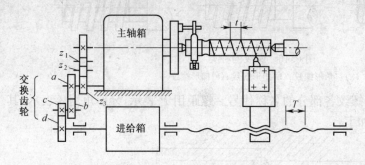
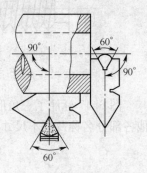

图 6.48　车螺纹时车床传动的图解
z_1、z_2、z_3—三星轮。

图 6.49　螺纹车刀的形状
及对刀方法

6.9.3　机床调整及工件安装

根据螺纹的旋向调整三星齿轮,使之与螺纹的旋向相同。根据工件螺距的大小,选定进给箱的手柄位置或交换齿轮。脱开光杠进给机构,改由丝杠传动。应选取较低的主轴转速,以便顺利切削及有充分时间退刀。为使刀具移动均匀、平稳,必须调整中滑板与导轨间隙和丝杠与螺母的间隙。

在车削过程中工件对主轴如有微小的松动,即会导致螺纹形状或螺距的不正确,因此,工件必须装夹牢固。

6.9.4　三角形螺纹的车削

三角形螺纹具有螺距小、一般螺纹长度较短、自锁性好的特点,常用于机械零部件的连接、紧固。车削三角形螺纹的基本要求是:中径尺寸应符合相应的精度要求;牙型角必须准确,两牙型半角应相等;牙型两侧的表面粗糙度值要小;螺纹轴线与工件轴线应保持同轴。

1. 车削前的工艺准备

(1)螺纹车削前对工件的工艺要求。车削的三角形外螺纹,工艺结构上一般都有退刀槽,以方便螺纹车削时车刀的顺利退出和保证在螺纹的全长范围内牙型的完整。也有一些三角形外螺纹,在结构上无退刀槽。

车削三角形外螺纹前对工件的主要工艺要求如下:

①为保证车削后的螺纹牙顶处有 $0.125P$ 的宽度,螺纹车削前的外圆直径应车至比螺纹公称直径小约 $0.13P$。

②外圆端面处倒角至略小于螺纹小径。

③有退刀槽的螺纹,螺纹车削前应先切退刀槽,槽底直径应小于螺纹小径,槽宽约等于$(2\sim3)P$。

④车削脆性材料(如铸铁)时,螺纹车削前的外圆表面,其表面粗糙度值要小,以免在车削螺纹时牙顶发生崩裂。

(2)外螺纹车刀的装夹,前面已详述。螺纹车刀不宜伸出刀架过长,一般伸出长度为刀柄厚度的 1.5 倍(25mm~30mm)。

2. 低速车削三角形外螺纹

(1)采用正反车法车削有退刀槽螺纹。正反车法适于加工各种螺纹,具体操作如图 6.50 所示。

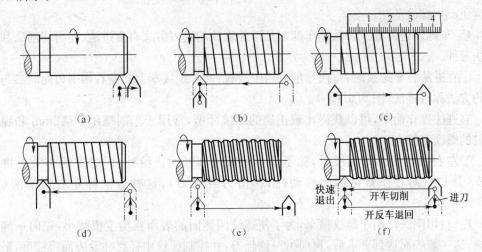

图 6.50 螺纹切削方法与步骤

(a)开车,使车刀与工件轻微接触记下刻度盘读数,向右退出车刀;(b)合上对开螺母在工件表面上车出一条螺旋线,横向退出车刀,停车;(c)开反车使车刀退到工件右端,停车,用钢直尺检查螺距是否正确;(d)利用刻度盘调整背吃刀量,开车切削;(e)车刀将至行程终了时,应做好退刀停车准备,先快速退出车刀,然后停车,开反车退回刀架;(f)再次横向进背吃刀量,继续切削。

车削时,选择较低的主轴转速(100r/min～160r/min),试刀后,右手压下开合螺母手柄,使中滑板径向进给 0.05mm 左右,左手握正反车手柄,右手握中滑板手柄,开始车螺纹。车螺纹时,第一次进刀的背吃刀量可适当大些,以后每次车削时,背吃刀量逐渐减少,经多次车削后使切削深度等于牙型深度后,停车检查螺纹是否合格。

动作要点:在螺纹的车削过程中,始终压下开合螺母,当螺纹车刀车削到退刀槽内时,快速退出中滑板,同时压下操纵杆,使车床主轴反转,机动退回床鞍、溜板箱到起始位置。中滑板的横向退出要快,双手操作中滑板手柄和操纵杆动作要协调一致。

(2)车削无退刀槽螺纹。车削无退刀槽螺纹时,先在螺纹的有效长度处用车刀刻划一道刻线。当螺纹车刀移动到螺纹终止刻线处时,横向迅速退刀并提起开合螺母或压下操纵杆开倒车,使螺纹收尾在 2/3 圈之内。

(3)中途换刀方法。在车削螺纹的过程中,螺纹车刀磨钝经刃磨后重新装夹或中途更换螺纹车刀,这时需要重新调整车刀中心高和刀尖半角。车刀装夹正确后,不切入工件,开车合上开合螺母,当车刀纵向移动到工件端面处时,迅速将操纵杆放到中间位置,待车刀自然停稳后,移动小滑板和中滑板,使车刀刀尖对准已车出的螺旋槽,然后晃车(即将操纵杆轻提但不提到位,再迅速放回中间位置,使车床"点动"),观察车刀是否在螺旋槽内,反复调整直到刀尖对准螺旋槽为止,才能继续车削螺纹。

(4)乱扣及防止方法。车削螺纹时,在第一刀车削完毕,车削第二刀时,螺纹车刀的刀尖不在第一刀车削的螺旋槽中央,以致造成螺旋槽被切的现象称为乱扣。

产生螺纹乱扣的原因是车床丝杠的螺距不能被工件螺纹的螺距整除(不成整数倍),

采用提开合螺母法车螺纹,车第二刀或后继刀次时,合上开合螺母后,螺纹车刀刀尖相对工件螺纹表面的轨迹不重合所造成的。

在车削车床丝杠螺距与工件螺纹的螺距不是整数倍的螺纹时,采用正反车法车削就可避免产生螺纹乱扣。

(5) 车螺纹进刀方式。低速车削三角形外螺纹的进刀方式有直进法、左右切削法和斜进法三种。

①直进法。车螺纹时,每次车削只用中滑板进刀,螺纹车刀的左右切削刃同时参与切削的方法称直进法(图 6.51(a))。

直进法操作简单,可以获得比较正确的螺纹牙型,常用于车削螺距 $P<2$mm 和脆性材料的螺纹车削。

②左右切削法。车螺纹时,除了用中滑板控制径向进给外,同时使用小滑板将螺纹车刀向左、向右作微量轴向移动(俗称借刀或赶刀),这种方法称左右切削法(图 6.51(b))。

左、右切削法常用于螺纹精车,为了使螺纹两侧面的表面粗糙度值减小,先向一侧赶刀,待这一侧表面达到要求后,再向另一侧赶刀,并控制螺纹中径尺寸及表面粗糙度,最后将车刀移到牙槽中间,用直进法车牙底,以保证牙型清晰。

③斜进法。车削螺距较大的螺纹时,由于螺纹牙槽较深,为了粗车切削顺利,除采用中滑板横向进给外,小滑板向一侧赶刀的车削方法称为斜进法(图 6.51(c))。

直进法车螺纹是两切削刃同时切削;左右切削法与斜进法车螺纹则是单刃切削,车削中不易产生扎刀,且可获得较小的表面粗糙度值。但操作较复杂,赶刀量不能太大,否则会将螺纹车乱或牙顶车尖。

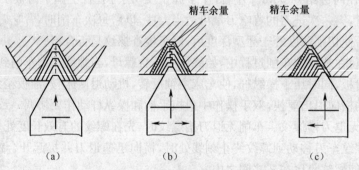

图 6.51 车螺纹进刀方式
(a)直进法;(b)左右切削法;(c)斜进法。

(6) 切削用量的选择。低速车削三角形外螺纹时,应根据工件的材质、螺纹的牙型角和螺距的大小及所处的加工阶段(粗车还是精车)等因素,合理选择切削用量。

①由于螺纹车刀两切削刃夹角较小,散热条件差,所以切削速度比车削外圆时低,一般粗车时,$v_c=10$m/min~15m/min;精车时,$v_c=6$m/min。

②粗车第一、二刀时,螺纹车刀刚切入工件,总的切削面积不大,可以选择较大些的切削深度(即背吃刀量),以后每次进给的切削深度应逐步减小。精车时,切削深度更小,排出的切屑很薄(像锡箔一样),以获得小的表面粗糙度值。

3. 三角形外螺纹的检测

螺纹快要车尖时,就要锉去毛刺、停车、用螺纹量规测量中径(图 6.52)或用与之配合的螺母检验。

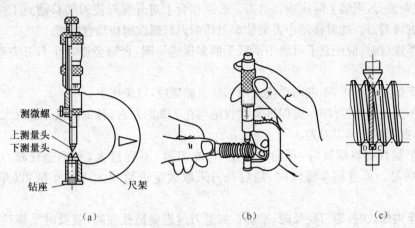

图 6.52 用螺纹千分尺检测中径
(a)螺纹千分尺;(b)测量方法;(c)测量原理。

实习操作十 车三角形螺纹

按图 6.53 所示工件的尺寸要求,进行车削 M60×2 的螺纹(M 为三角形螺纹代号;60 为螺纹公称直径,单位 mm);2 为螺纹螺距,单位 mm)。在车削时,要保证螺距 $P=2$mm、牙型角 $\alpha=60°$ 和中径 $d_2=58.7$mm。

1. 操作过程

装夹工件→安装车刀→调整车床→抬闸法切削→测量螺纹。

2. 控制螺纹牙深高度

如图 6.54 所示,车刀作垂直移动切入工件,由横向进给手柄刻度盘来控制吃刀深度。经几次吃刀切至螺纹牙深高度为止。另外,几次进刀深度的总和应比 $0.54P$ 大 0.05mm~0.1mm。

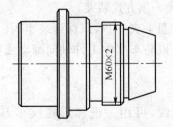

图 6.53 车螺纹工作图(材料:HT150)

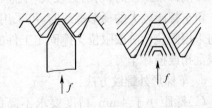

图 6.54 垂直吃刀控制牙深

3. 操作要点

(1)车螺纹前应首先调整好床鞍和中、小滑板的松紧程度(车内螺纹时,小滑板应适当调紧些)。

(2)车螺纹时思想要集中,特别是初学者在开始练习时,主轴转速不宜过高,待操作熟练后,逐步提高主轴转速,最终达到能高速车削三角形螺纹。

(3)车螺纹时,应始终保持螺纹车刀锋利,刀尖出现积屑瘤时应及时清除、中途换刀或刃磨后重新装刀,则装上时应重新对刀。必须在合上对开螺母使刀架移动到工件的中间后,停车进行对刀。此时移动小刀架使车刀切削刃与螺纹槽相吻合即可。

(4)车螺纹时,应注意不可将中滑板手柄多摇进一圈,否则会造成车刀刀尖崩刃或损坏工件。

(5)车螺纹过程中,不准用手摸或用棉纱去擦螺纹,以免伤手。

(6)车无退刀槽螺纹时,应保证每次收尾均在1/2圈左右,且每次退刀位置大致相同,否则容易损坏螺纹车刀刀尖。

(7)车脆性材料螺纹时,径向进给量(背吃刀量)不宜过大,否则会使螺纹牙尖爆裂,造成废品。低速精车螺纹时,最后几刀采取微量进给或无进给车削,以车光螺纹侧面。

(8)车内螺纹时,退刀要及时、准确。如退刀过迟碰撞孔底时,就及时重新对刀,以防因车刀移位造成"乱扣"。

(9)车内螺纹时,进刀量不宜过多,以防精车螺纹时没有余量。

(10)粗、精车分开车削螺纹时,应留适当的精车余量。

6.9.5 梯形外螺纹的车削

梯形螺纹是应用广泛的一种传动螺纹,车床上的长丝杠和中、小滑板丝杠都是梯形螺纹。梯形螺纹分米制和英制两种,米制梯形螺纹的牙型角为30°,英制梯形螺纹的牙型角为29°。我国常用的是米制梯形螺纹。

1. 梯形螺纹的一般技术要求

梯形螺纹的轴向剖面形状是一等腰梯形。用作传动时,精度要求高,表面粗糙度值小,车削梯形螺纹比车削三角形螺纹困难。主要技术要求如下:

(1)梯形螺纹的中径必须与基准轴颈同轴,其大径尺寸应小于基本尺寸。

(2)梯形螺纹的配合以中径定心,因此车削梯形螺纹时必须保证中径尺寸公差。

2. 工件装夹

车削梯形螺纹时,切削力较大,工件一般采用一夹一顶方式装夹。

粗车螺距较大的梯形螺纹时,可采用四爪单动卡盘一夹一顶,以保证装牢固。此外,轴向采用限位台阶或限位支撑固定工件的轴向位置,以防车削中工件轴向蹿动或移位而造成乱扣或撞坏车刀。

3. 车梯形外螺纹方法

(1)螺距小于4mm、精度要求不高的梯形外螺纹,可用一把梯形螺纹车刀粗、精车至尺寸要求。粗车时可采用少量的左右切削法或斜进法(图6.55),精车时采用直进法。

(2)螺距在4mm~8mm或精度要求较高的梯形外螺纹,一般采用左右切削法或车直槽法车削,具体车削步骤如图6.56所示。

①粗车、半精车螺纹大径,留精车余量0.3mm左右,倒角(与端面成15°)。

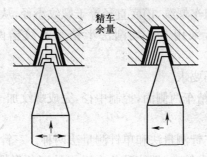

图 6.55　螺距小于 4mm 的进刀方式
(a)左右切削法；(b)斜进法。

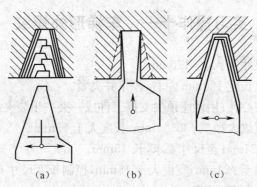

图 6.56　螺距在 4mm～8mm 的进刀方式
(a)左右切削法粗、精车螺纹；(b)直进法粗车；(c)精车。

②用左右切削法粗、半精车螺纹，每边留精车余量 0.1mm～0.2mm，螺纹小径精车至尺寸。或选用刀头宽度稍小于槽底宽的切槽刀，采用直进法粗车螺纹，槽底直径等于螺纹小径。

③精车螺纹大径至图样要求。

④用两侧切削刃磨有卷屑槽的梯形螺纹精车刀精车两侧面至图样要求。

(3)螺距大于 8mm 的梯形外螺纹，一般采用切阶梯槽的方法车削(图 6.57)。

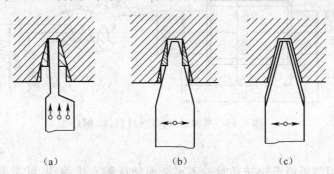

图 6.57　螺距大于 8mm 的进刀方式
(a)车阶梯槽；(b)左右切削法半精车两侧面；(c)精车。

①粗车、半精车螺纹大径，留精车余量 0.3mm 左右，倒角(与端面成 15°)。

②用刀头宽度小于 $P/2$ 的切槽刀直进法粗车螺纹至接近中径处，再用刀头宽度略小

于槽底宽的切槽刀直进法粗车螺纹,槽底直径等于螺纹小径,从而形成阶梯状的螺旋槽。

③用梯形螺纹粗车刀,采用左右切削法半精车螺纹槽两侧面,每面留精车余量 0.1mm～0.2mm。

④精车螺纹大径至图样要求。

⑤用梯形螺纹精车刀,精车两侧面,控制中径,完成螺纹加工。

4. 梯形外螺纹的检测

梯形外螺纹的检测有三针测量法和单针测量法两种。三针测量是一种比较精密的检测方法,适用于测量精度要求较高、螺纹升角小于 4°的三角形螺纹、梯形螺纹和蜗杆的中径尺寸。单针测量比三针测量方便、简单,适用于测量直径和螺距较大的螺纹中径。

实习操作十一　车梯形外螺纹

如图 6.58 所示,尺寸为 $\phi40\times120$mm。

(1)夹持外圆,伸出长度 100mm 左右,校正并夹紧。

(2)车平端面,钻中心孔;用尾座顶尖支撑工件成一夹一顶装夹。

(3)粗、精车梯形螺纹大径至 $\phi36_{-0.1}^{\ 0}$mm,长度大于 65mm。

(4)粗、精车外圆 $\phi24$mm 至尺寸要求,长 15mm。

(5)粗、精车退刀槽至 $\phi24$mm,宽度大于 15mm,控制长度尺寸 65mm。

(6)两端倒 15°角和倒角 C1.5。

(7)粗车梯形螺纹 Tr36×6-7h,小径车至 $\phi29_{-0.149}^{\ 0}$mm 要求,两牙侧留余量 0.2mm。

(8)精车梯形螺纹大径至尺寸要求,$\phi36_{-0.375}^{\ 0}$mm。

(9)精车两牙侧面,用三针测量,控制中径尺寸至 $\phi33_{-0.355}^{\ 0}$mm 要求。

(10)切断,总长 81mm。

(11)调头,垫铜皮装夹,车端面,控制总长 80mm;倒角 C1.5。

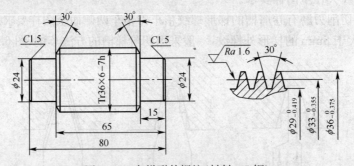

图 6.58　车梯形外螺纹(材料:45 钢)

操作要点

(1)为防止因溜板箱手轮转动时的不平衡而使床鞍发生蹿动,可在手轮上安装平衡块,最好采用手轮脱离装置。

(2)梯形螺纹精车刀两侧刃应刃磨平直,刀刃应保持锋利。

(3)精车前,最好重新修正中心孔,以保证螺纹的同轴精度。

(4)车梯形螺纹时,选择较小的切削用量,减少工件变形,同时充分加注切削液。

6.10 滚 花

各种机器和机器零件的手握部分,为了便于握持和增加美观,常常在表面上滚出各种不同的花纹,如百分尺的套筒、铰杠扳手以及螺纹量规等。这些花纹一般都是在车床上用滚花刀滚压而形成的,如图 6.59(a)所示。

花纹有直纹和网纹两种,滚花刀也分直纹滚花刀和网纹滚花刀,如图 6.59(b)所示。滚花是用滚花刀来挤压工件,使其表面产生塑性变形而形成花纹。滚花的径向挤压力很大,因此加工时,工件的转速要低些。一般还要充分供给切削液,以免损坏滚花刀和防止细屑滞塞在滚花刀内而产生乱纹。

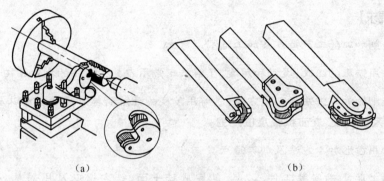

图 6.59 滚花及滚花刀
(a)滚花;(b)直纹和网纹滚花刀。

思 考 题

1. 车外圆时为什么要分为粗车和精车?粗车和精车应如何选择切削用量?
2. 工件外径尺寸为 $\phi 67$mm,要一刀车成 $\phi 66.5$mm,对刀后横向进给手柄应转过多少小格?如试切测量后尺寸小于 $\phi 66.5$mm,为什么必须将手柄退回两转后再重新对刀试切?
3. 测量外径尺寸有哪些方法?请测量一下。
4. 一般阶梯轴上的几个退刀槽的宽度都相等,为什么?退刀槽的作用是什么?
5. 孔的内圆直径和长度有哪几种测量方法?
6. 为什么精车螺纹时车刀的前角为零度?安装时刀杆还能不能倾斜?粗车螺纹的车刀前角一定是零度吗?安装时可否倾斜?为什么?
7. 车螺纹时产生乱扣的原因是什么?怎样防止?

第三篇 铣削和刨削加工实习

第7章 铣工实习

【目的和要求】

1. 了解铣削加工的工艺特点及加工范围。

2. 了解常用铣床的组成、运动和用途,了解铣床常用刀具和附件的大致结构与用途。

3. 熟悉铣削的加工方法和测量方法,了解用分度头进行简单分度的方法以及铣削加工所能达到的尺寸精度、表面粗糙度值范围。

4. 了解常用齿形加工方法及加工特点。

5. 在铣床上能正确安装工件、刀具,能完成铣平面、铣沟槽以及用简单分度进行的加工。

7.1 概 述

7.1.1 铣削运动与铣削用量

在铣床上用旋转的铣刀切削工件上各种表面或沟槽的方法称为铣削,铣削是金属切削加工中常用的方法之一。

铣削时工件与铣刀的相对运动称为铣削运动,它包括主运动和进给运动。

铣削用量有切削速度 v_c、进给量、铣削深度 a_p 和铣削宽度 a_e,如图 7.1 所示。

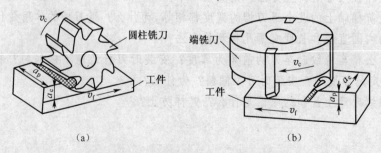

图 7.1 铣削运动及铣削用量
(a)在卧铣上铣平面;(b)在立铣上铣平面。

1. 主运动及切削速度(v_c)

铣刀的旋转运动是主运动。切削刃的选定点相对于工件的主运动的瞬时速度称为切削速度,可用下式计算:

$$v_c = \frac{\pi n D}{60 \times 1000} \text{(m/s)}$$

式中 v_c——切削速度(m/s);
　　　D——铣刀直径(mm);
　　　n——铣刀转速(r/min)。

2. 进给运动及进给量

工件的移动是进给运动。铣削进给量有下列 3 种表示方法。

(1)进给速度。进给速度是指每分钟内铣刀相对于工件的进给运动的瞬时速度,单位为 mm/min,也称为每分钟进给量。

(2)每转进给量(f)。它是指铣刀每转过一转时,铣刀在进给运动方向上相对于工件的位移量,单位为 mm/r。

(3)每齿进给量(f_z)。它是指铣刀每转过一个齿时,铣刀在进给运动方向上相对于工件的位移量,单位为 mm/Z。

3 种进给量之间的关系式为

$$v_f = f n = f_z z n$$

式中 n——铣刀转速(r/min);
　　　z——铣刀齿数。

3. 铣削深度 a_p

铣削深度 a_p 是指平行于铣刀轴线方向上测得的切削层尺寸,单位为 mm。

4. 铣削宽度 a_e

铣削宽度 a_e 是指在垂直于铣刀轴线方向、工件进给方向上测得的切削层尺寸,单位为 mm。

铣削时,由于采用的铣削方法和选用的铣刀不同,铣削深度 a_p 和铣削宽度 a_e 的表示也不同。图 7.1 所示为用圆柱铣刀进行圆周铣与用端铣刀进行端铣时,铣削深度和铣削宽度的表示。不难看出:不论是采用圆周铣或是端铣,铣削宽度 a_e 都表示铣削弧深,因为不论使用哪一种铣刀铣削,其铣削弧深的方向均垂直于铣刀轴线。

7.1.2 铣削特点及加工范围

1. 铣削特点

铣削时,由于铣刀是旋转的多齿刀具,刀齿能实现轮换切削,因而刀具的散热条件好,可以提高切削速度。此外由于铣刀的主运动是旋转运动,故可提高铣削用量和生产率。但另一方面由于铣刀刀齿的不断切入和切出,使切削力不断的变化,因此易产生冲击和振动。铣刀的种类很多,铣削的加工范围也很广。

2. 铣削加工范围

铣削主要用于加工平面(如水平面、垂直面、台阶面及各种沟槽表面和成形面等),另外也可以利用万能分度头进行分度件的铣削加工,也可以对工件上的孔进行钻削或铣削加工。常见的铣削加工如图 7.2 所示。

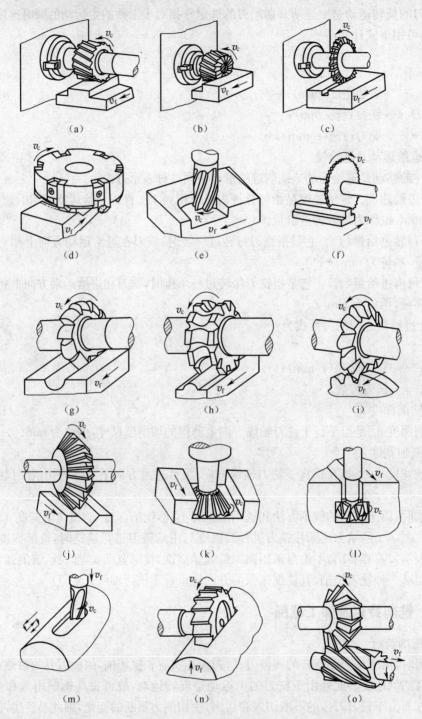

图 7.2 铣削加工举例

(a)圆柱形铣刀铣平面；(b)套式面铣刀铣台阶面；(c)三面刃铣刀铣直角槽；(d)端铣刀铣平面；(e)立铣刀铣凹平面；(f)锯片铣刀切断；(g)凸半圆铣刀铣凹圆弧面；(h)凹半圆铣刀铣凸圆弧面；(i)齿轮铣刀铣齿轮；(j)角度铣刀铣 V 形槽；(k)燕尾槽铣刀铣燕尾槽；(l)T 形槽铣刀铣 T 形槽；(m)键槽铣刀铣键槽；(n)半圆键槽铣刀铣半圆键槽；(o)角度铣刀铣螺旋槽。

铣削加工的工件尺寸公差等级一般为 IT9 级～IT7 级,表面粗糙度值 $Ra = 6.3\mu m \sim 1.6\mu m$。

7.2 铣床及附件

7.2.1 铣床的种类和型号

铣床的种类很多,最常用的是卧式升降台铣床和立式升降台铣床,此外还有龙门铣床、工具铣床、键槽铣床等各种专用铣床。近年来又出现了数控铣床,数控铣床可以满足多品种、小批量工件的生产。

铣床的型号和其他机床型号一样,按照 JB 1838—85《金属切削机床型号编制方法》的规定表示。例如 X6132:其中 X 为分类代号,铣床类机床;61 为组系代号,万能升降台铣床;32 为主参数,工作台宽度的 1/10,即工作台宽度为 320mm。

7.2.2 X6132 万能升降台铣床

万能升降台铣床是铣床中应用最广的一种。万能升降台铣床的主轴轴线与工作台平面平行且呈水平方向放置,其工作台可沿纵、横、垂直 3 个方向移动并可在水平平面内回转一定的角度,以适应不同工件铣削的需要,如图 7.3 所示。

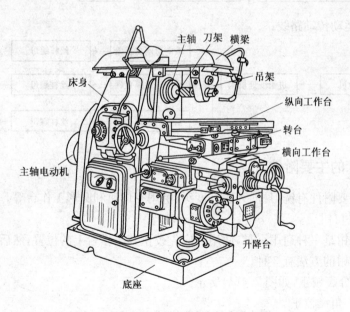

图 7.3　X6132 万能升降台铣床外观图

1. 主要组成部分及作用

(1)床身。床身用来固定和支承铣床上所有的部件,电动机、主轴变速机构、主轴等均安装在其内部。

(2)横梁。横梁上面装有吊架用以支承刀杆外伸,以增加刀杆的刚性。横梁可沿床身的水平导轨移动,以调整其伸出的长度。

(3) 主轴。主轴是空心轴,前端有 7∶24 的精密锥孔,用以安装铣刀刀杆并带动铣刀旋转。

(4) 纵向工作台。其上面有 T 形槽用以装夹工件或夹具,其下面通过螺母与丝杠螺纹连接,可在转台的导轨上纵向移动,其侧面有固定挡铁以实现机床的机动纵向进给。

(5) 转台。其上面有水平导轨,供工作台纵向移动;其下面与横向工作台用螺栓连接,如松开螺栓可使纵向工作台在水平平面内旋转一个角度(最大为±45°),这样便可获得斜向移动,可便于加工螺旋工件。

(6) 横向工作台。其位于升降合上面的水平导轨上,可带动纵向工作台作横向移动,用以调整工件与铣刀之间的横向位置或获得横向进给。

(7) 升降台。升降台可使整个工作台沿床身的垂直导轨上下移动,用以调整工作台面到铣刀的距离,还可作垂直进给。

带转台的卧式升降台铣床称为万能升降台铣床,不带转台即不能扳转角度的铣床称为卧式升降台铣床。

2. 传动路线

其主运动和进给运动的传动路线分述如下。

(1) 主运动传动路线:

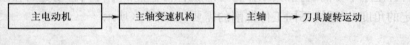

(2) 进给运动传动路线:

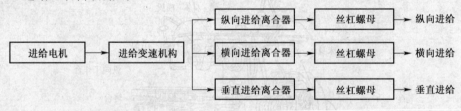

7.2.3 铣床的主要附件

铣床的主要附件有铣刀杆、万能分度头、机用平口钳和圆形工作台等。

1. 机用平口钳

机用平口钳是一种通用夹具,使用时应先校正其工作台上的位置,然后再夹紧。校正平口钳的方法有 3 种。

(1) 用百分表校正,如图 7.4(a)所示。

(2) 用 90°角尺校正。

(3) 用画线针校正。

校正的目的是保证固定钳口与工作台台面的垂直度、平行度,校正后利用螺栓与工作台 T 形槽连接将平口钳装夹在工作台上。装夹工件时,要按画线找正工件,然后转动平口钳丝杆使活动钳口移动并夹紧,如图 7.4(b)所示。

2. 圆形工作台

圆形工作台即回转工作台,如图 7.5(a)所示。

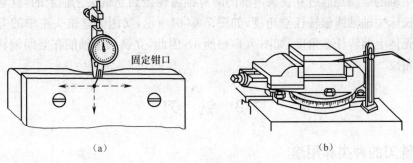

图 7.4 机用平口钳
(a)百分表校正平口钳;(b)按划线找正工件。

它的内部有一副蜗轮蜗杆,手轮与蜗杆同轴连接,转台与蜗轮连接,转动手轮,通过蜗轮蜗杆的传动使转台转动。转台周围有刻度用来观察和确定转台位置,手轮上的刻度盘也可读出转台的准确位置。图 7.5(b)所示为在回转工作台上铣圆弧槽的情况,即利用螺栓压板把工件夹紧在转台上,铣刀旋转后,摇动手轮使转台带动工件进行圆周进给,铣削圆弧。

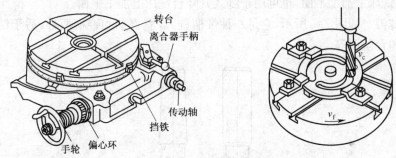

图 7.5 回转工作台
(a)圆形工作台;(b)铣圆弧槽。

3. 万能立铣头

在卧式铣床上装有万能立铣头,根据铣削的需要,可把立铣头主轴扳成任意角度,如图 7.6 所示。图 7.6(a)为万能立铣头外形图,其底座用螺钉固定在铣床的垂直导轨上。

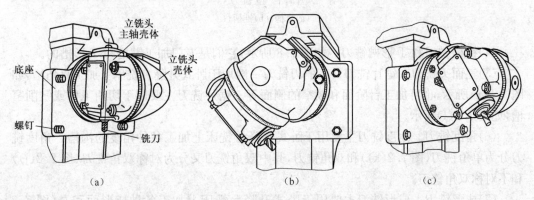

图 7.6 万能立铣头
(a)立铣头外形;(b)绕主轴轴线偏转角度;(c)绕立铣头壳体偏转角度。

由于铣床主轴的运动是通过立铣头内部的两对锥齿轮传到立铣头主轴上的,且立铣头的壳体可绕铣床主轴轴线偏转任意角度,如图 7.6(b)所示,又因为立铣头主轴的壳体还能在立铣头壳体上偏转任意角度,如图 7.6(c)所示,因此,立铣头主轴能在空间偏转成所需要的任意角度。

7.3 铣 刀

7.3.1 铣刀的种类和用途

铣刀的种类很多,用途也各不相同。按材料不同,铣刀分为高速钢和硬质合金两大类;按刀齿与刀体是否为一体又分为整体式和镶齿式两类;按铣刀的安装方法不同分为带孔铣刀和带柄铣刀两类。另外,按铣刀的用途和形状又可分为如下几类。

(1)圆柱铣刀。如图 7.2(a)所示,由于它仅在圆柱表面上有切削刃,故用于卧式升降台铣床上加工平面。

(2)端铣刀。如图 7.2(d)所示,由于其刀齿分布在铣刀的端面和圆柱面上,故多用于立式升降台铣床上加工平面,也可用于卧式升降台铣床上加工平面。

(3)立铣刀。如图 7.7 所示,它是一种带柄铣刀,有直柄和锥柄两种,适于铣削端面、斜面、沟槽和台阶面等。

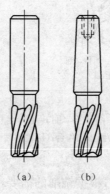

图 7.7 立铣刀
(a)直柄;(b)锥柄。

(4)键槽铣刀和 T 形槽铣刀。如图 7.8 所示,它们是专门加工键槽和 T 形槽的。

(5)三面刃铣刀和锯片铣刀。三面刃铣刀一般用于卧式升降台铣床上加工直角槽,如图 7.2(c)所示,也可加工台阶面和较窄的侧面等。锯片铣刀主要用于切断工件或铣削窄槽,如图 7.2(f)所示。

(6)角度铣刀。角度铣刀主要用于卧式升降台铣床上加工各种角度的沟槽。角度铣刀分为单角铣刀(图 7.2(k))和双角铣刀,其中双角铣刀又分为对称双角铣刀(图 7.2(j))和不对称双角铣刀。

(7)成形铣刀。成形铣刀主要用于卧式升降台铣床上加工各种成形面和左(图 7.2(o))、右切双角铣刀,如图 7.2(g)、(h)、(i)所示。

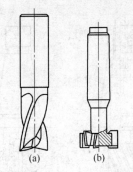

图 7.8 键槽和 T 形槽铣刀
(a)键槽铣刀;(b)T 形槽铣刀。

7.3.2 铣刀的安装

1. 带孔铣刀的安装

(1)带孔铣刀中的圆柱形铣刀或三面刃等盘形铣刀常用长刀杆安装,如图 7.9 所示。

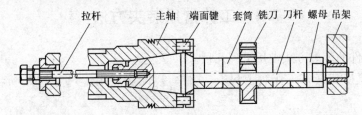

图 7.9 圆盘铣刀的安装

(2)带孔铣刀中的端铣刀常用短刀杆安装,如图 7.10 所示。

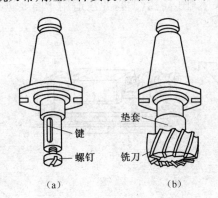

图 7.10 端铣刀的安装
(a)短刀杆;(b)安装在短刀杆上的端铣刀。

2. 带柄铣刀的安装

(1)锥柄铣刀的安装如图 7.11(a)所示。安装时,要根据铣刀锥柄的大小选择适合的变锥套,还要将各种配合表面擦净,然后用拉杆把铣刀及变锥套一起拉紧在主轴上。

(2)直柄铣刀的安装如图 7.11(b)所示。安装时,要用弹簧夹头安装,即铣刀的直柄要插入弹簧套内,然后旋紧螺母以压紧弹簧套的端面,使弹簧套的外锥面受压使孔径缩小,夹紧直柄铣刀。

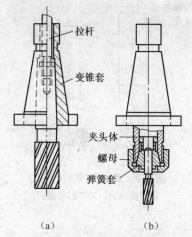

图 7.11 带柄铣刀的安装
(a)锥柄铣刀的安装;(b)直柄铣刀的安装。

7.4 工件常用装夹方法

铣削时工件的装夹方式常用下列几种。

(1)工件直接装夹在工作台上(图 7.12(a)),此法适用于尺寸较大,形状较复杂的工件。

(2)工件装夹在平口钳中(图 7.12(b)),此法适用于中小尺寸或形状简单的零件。

(3)工件装夹在 V 形铁中(图 7.12(c)),此法适用于轴类零件。

(4)工件装夹在分度头上(图 7.12(d)),此法适用于需要进行分度加工或中小型轴类零件。

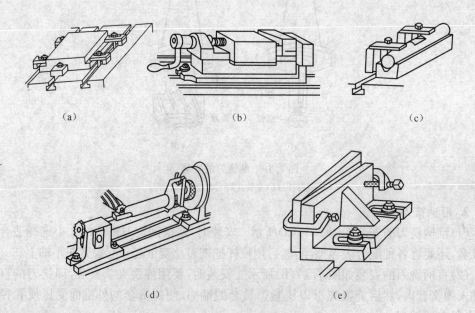

图 7.12 铣削时工件的装夹方式

(5)工件装夹在角铁上(图7.12(e)),此法适用于平板类零件。
(6)工件装夹在专用的夹具上,此法适用于成批或大量生产。

7.5 铣平面

7.5.1 用圆柱铣刀铣平面

在卧式升降台铣床上,利用圆柱铣刀的周边齿刀刃(切削刃)进行的铣削称为周边铣削,简称周铣,如图7.13所示。

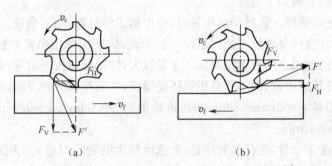

图7.13 顺铣与逆铣
(a)顺铣;(b)逆铣。

1. 铣削方法

铣削方法一般分为顺铣与逆铣两大类。

(1)顺铣。在铣刀与工件已加工面的切点处,铣刀切削刃的旋转运动方向与工件进给方向相同的铣削称为顺铣,如图7.13(a)所示。

(2)逆铣。在铣刀与工件已加工面的切点处,铣刀切削刃的旋转运动方向与工件进给方向相反的铣削称为逆铣,如图7.13(b)所示。

顺铣时,刀齿切下的切屑由厚逐渐变薄,易切入工件。由于铣刀对工件的垂直分力向下F_V压紧工件,所以切削时不易产生振动,铣削平稳。但另一方面,由于铣刀对工件的水平分力F'与工作台的进给方向一致且工作台丝杠与螺母之间有间隙,因此在水平分力的作用下,工作台会消除间隙而突然窜动,致使工作台出现爬行或产生啃刀现象,引起刀杆弯曲、刀头折断。

逆铣时,刀齿切下的切屑是由薄逐渐变厚的。由于刀齿的切削刃具有一定的圆角半径,所以刀齿接触工件后要滑移一段距离才能切入,因此刀具与工件摩擦严重,致使切削温度升高,工件已加工表面粗糙度增大。别外铣刀对工件的垂直分力是向上的,也会促使工件产生抬起趋势,易产生振动而影响表面粗糙度。但另一方面,铣刀对工件的水平分力与工作台的进给方向相反,在水平分力的作用下,工作台丝杠与螺母间总是保持紧密接触而不会松动,故丝杠与螺母的间隙对铣削没有影响。

综上所述,从提高刀具耐用度和工件表面质量以及增加工件夹持的稳定性等观点出发,一般以采用顺铣法为宜。但需要注意的是,铣床必须具备丝杠与螺母的间隙调整机构,且间隙调整为零时才能采取顺铣。目前,除万能升降台铣床外,尚没有消除丝杠与螺母之间间隙的机构,所以,在生产中仍多采用逆铣法。另外,当铣削带有黑皮的工件表面时,如对铸件或锻件表面进行粗加工,若用顺铣法,因刀齿首先接触黑皮将会加剧刀齿的磨损,所以应采用逆铣法。

2. 铣削步骤

用圆柱铣刀铣削平面的步骤如下:

(1)铣刀的选择与安装。由于螺旋齿铣刀铣平面时,排屑顺利,铣削平稳,所以常用螺旋齿圆柱铣刀铣平面。在工件表面粗糙度 Ra 值较小且加工余量不大时,选用细齿铣刀;表面粗糙度 Ra 值较大且加工余量较大时,选用粗齿铣刀。铣刀的宽度要大于工件待加工表面的宽度,以保证一次进给就可铣完待加工表面。另外,应尽量选用小直径铣刀,以免产生振动而影响表面加工质量。

(2)切削用量的选择。选择切削用量时,要根据工件材料、加工余量、工件宽度及表面粗糙度要求来综合选择合理的切削用量。一般来说,铣削应采用粗铣和精铣两次铣削的方法来完成工件的加工。由于粗铣时加工余量较大,故选择每齿进给量,而精铣时加工余量较小,常选择每转进给量,但不管是粗铣还是精铣,均应按每分钟进给速度来调整铣床。

粗铣:侧吃刀量 $a_e=2mm\sim 8mm$,每齿进给量 $f_z=0.03mm/z\sim 0.16mm/z$,铣削速度 $v_c=15m/min\sim 40m/min$。

根据毛坯的加工余量,选择的顺序是:先选取较大的侧吃刀量 a_e,再选择较大的进给量 f_z,最后选取合适的铣削速度 v_c。

精铣:铣削速度 $v_c\leqslant 10m/min$ 或 $v_c\geqslant 50m/min$,每转进给量 $f=0.1mm/r\sim 1.5mm/r$。侧吃刀量 $a_e=0.2mm\sim 1mm$。选择的顺序是:先选取较低或较高的铣削速度 v_c,再选择较小的进给量 f,最后根据零件图样尺寸确定侧吃刀量 a_e。

(3)工件的装夹方法。根据工件的形状、加工平面的部位以及尺寸公差和形位公差的要求,选择合适的装夹方法。一般常用平口钳或螺栓压板装夹工件、用平口钳装夹工件时,要校正平口钳的固钳口并对工件进行找正,还要根据选定的铣削方式调整好铣刀与工件的相对位置。

(4)操作方法。根据选取的铣削速度 v_c,按下式调整铣床主轴的转速,即

$$n=\frac{1000v_c}{\pi D}$$

根据选取的进给量按下式来调整铣床的每分钟进给量:

$$v_f=fn=f_z zn$$

侧吃刀量的调整要在铣刀旋转(主电动机启动)后进行,即先使铣刀轻微接触工件表面,记住此时升降手柄的刻度值,再将铣刀退离工件,转动升降手柄升高工作台并调整好侧吃刀量,最后固定升降和横向进给手柄并调整纵向工作台机动停止挡铁,即可试切铣削。

7.5.2 用端铣刀铣平面

在卧式和立式升降台铣床上用铣刀端面齿刃进行的铣削称为端面铣削,简称端铣(图7.14)。

由于端铣刀多采用硬质合金刀头,又因为端铣刀的刀杆短、强度高、刚性好以及铣削中的振动小,因此用端铣刀可以高速强力铣削平面,其生产率高于周铣。目前在生产实际中,端铣已被广泛采用。

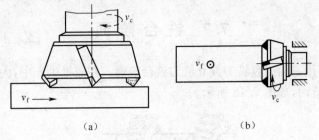

图 7.14 用端铣刀铣平面
(a)在立式铣床上；(b)在卧式铣床上。

用端铣刀铣平面的方法与步骤，基本上与用圆柱铣刀铣平面的方法和步骤相同，其铣削用量的选择、工件的装夹和操作方法等均可参照圆柱铣刀铣平面的方法进行。

7.6 铣斜面

工件上的斜面常用下面几种方法进行铣削。

1. 使用斜垫铁铣斜面

如图 7.15 所示，在工件的基准下面垫一块斜垫铁，则铣出的工件平面就会与基准面倾斜一定角度。如果改变斜垫铁的角度，即可加工出不同角度的工件斜面。

2. 利用分度头铣斜面

如图 7.16 所示，用万能分度头将工件转到所需位置即可铣出斜面。

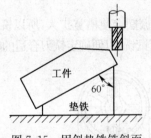

图 7.15 用斜垫铁铣斜面

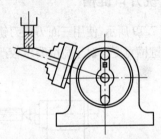

图 7.16 用分度头铣斜面

3. 用万能立铣头铣斜面

如图 7.17 所示，由于万能立铣头能方便地改变刀轴的空间位置，因此可通过转动立铣头使刀具相对工件倾斜一个角度即可铣削出斜面。

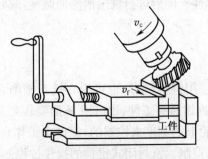

图 7.17 用万能立铣头铣斜面

7.7 铣台阶面

在铣床上,可用三面刃盘铣刀或立铣刀铣台阶面。在成批生产中,大都采用组合铣刀同时铣削几个台阶面,如图7.18所示。

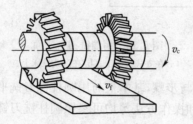

图7.18 铣台阶面

7.8 铣键槽

轴上的键槽有开口式和封闭式两种。铣键槽时,工件的装夹方法很多,一般常用平口钳或专用抱钳、V形架、分度头等装夹工件。但不论哪一种装夹方法,都必须使工件的轴线与工作台的进给方向一致,并与工作台台面平行。

7.8.1 铣开口键槽

如图7.19所示,使用三面刃铣刀铣削。由于铣刀的振摆会使槽宽扩大,所以铣刀的宽度应稍小于键槽宽度。对于宽度要求较严的键槽,可先进行试铣,以便确定铣刀合适的宽度。

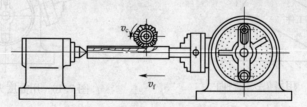

图7.19 铣开口式键槽

铣刀和工件安装好后,要进行仔细地对刀,也就是使工件的轴线与铣刀的中心平面对准,以保证所铣键槽的对称性。随后进行铣削槽深的调整,调好后才可加工。当键槽较深时,需分多次走刀进行铣削。

7.8.2 铣封闭式键槽

如图7.20所示,通常使用键槽铣刀,也可用立铣刀铣削、用键槽铣刀铣封闭式键槽时,可用图7.20(a)所示的抱钳装夹工件,也可用V形架装夹工件。铣削封闭式键槽的长度是由工作台纵向进给手轮上的刻度来控制的,深度由工作台升降进给手柄上的刻度来控制,宽度由铣刀的直径来控制。铣封闭式键槽的操作过程如图7.20(b)所示,即先将工件垂直进给移向铣刀,采用一定的吃刀量将工件纵向进给切至键槽的全长,再垂直进给吃刀,最后反向纵向进给,经多次反复直到完成键槽的加工。

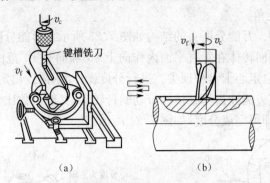

图 7.20　铣封闭式键槽
(a)抱钳装夹；(b)铣封闭式键槽。

用立铣刀铣键槽时,由于铣刀的端面齿是垂直的故吃刀困难,所以应先在封闭式键槽的一端圆弧处用相同半径的钻头钻一个孔,然后再用立铣刀铣削。

7.9　铣 T 形槽

如图 7.21 所示,要加工 T 形槽,必须首先用三面刃铣刀或立铣刀铣出直角槽,然后再用 T 形槽铣刀铣出 T 形槽,最后用角度铣刀倒角。由于 T 形槽的铣削条件差,排屑困难,所以切削用量应取小些,并加注充足的切削液。

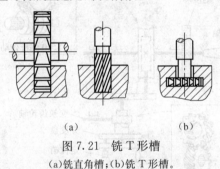

图 7.21　铣 T 形槽
(a)铣直角槽；(b)铣 T 形槽。

7.10　铣等分零件

在铣削加工中,经常需要铣削四方、六方、齿槽、花键键槽等等分零件。在加工中,可利用万能分度头对工件进行分度,即铣过工件的一个面或一个槽之后,将工件转过所需的角度,再铣第二个面或第二个槽,直至铣完所有的面或槽。

7.10.1　万能分度头

(1)分度头的功用。万能分度头是铣床的重要附件,其主要功用是:①使工件绕本身的轴线进行分度(等分或不等分);②让工件的轴线相对铣床工作台台面形成所需要的角度(水平、垂直或倾斜),如图 7.16 所示,利用分度头卡盘在倾斜位置上装夹工件；③铣削螺旋槽或凸轮时,可配合工作台的移动使工件连续旋转,图7.22所示即为利用分度头铣螺旋槽,其中,β为螺旋角。

(2)分度头的结构。万能分度头的结构如图7.23所示。万能分度头的基座上装有回转体,分度头主轴可随回转体在垂直平面内作向上90°和向下10°范围内的转动。分度头主轴前端常装有三爪自定心卡盘和顶尖。进行分度操作时,需拔出定位销并转动手柄,通过齿数比为1∶1的直齿圆柱齿轮副传动带动蜗杆转动,又经齿数比为1∶40的蜗杆蜗轮副传动带动主轴旋转即可完成分度,如图7.24所示。

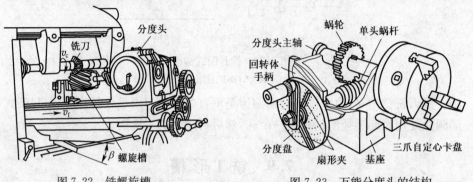

图7.22 铣螺旋槽　　　　　　　图7.23 万能分度头的结构

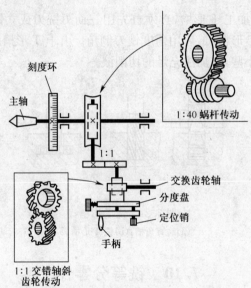

图7.24 万能分度头传动系统图

分度头中蜗杆头数和蜗轮的齿数比为

$$u=\frac{蜗杆头数}{蜗轮齿数}=\frac{1}{40}$$

上式表明,当手柄转动1r时,蜗轮只能带动主轴转过$\frac{1}{40}$r。如果工件在整个圆周上的分度等分数z已知,则每分一个等分就要求分度头主轴转过$\frac{1}{z}$r,这时分度手柄所需转过的转数为

$$n=\frac{40}{z}$$

式中 n——手柄转数(r)；

z——工件等分数；

40——分度头定数。

(3)分度方法。使用分度头进行分度的方法很多，如直接分度法、简单分度法、角度分度法和差动分度法等，这里仅介绍最常用的简单分度法。

简单分度法的计算公式为 $n=40/z$。例如，铣削直齿圆柱齿轮度时手柄转过的转数为

$$n=\frac{40r}{z}=\frac{40}{36}r=1\frac{1}{9}r=1\frac{6}{54}r$$

就是说，每分一齿，手柄需转过一整转再转过 1/9r，而这 1/9r 是通过分度盘来控制的。一般分度头备有两块分度盘，每块分度盘两面各有许多圈孔且各圈孔数均不等，但在同一孔圈上的孔距则是相等的。第一块分度盘正面各圈孔数为 24、25、28、30、34、37，反面为 38、39、41、42、43；第二块分度盘正面各圈孔数为 46、47、49、51、53、54，反面为 57、58、59、62、66。简单分度时，分度盘固定不动，此时将分度手柄上的定位销拔出，调整到孔数为 9 的倍数的孔圈上，即在孔圈数为 54 的孔圈上。分度时，手柄转过一转后，再沿孔数为 54 的孔圈上转过 6 个孔间距，即可铣削第二个齿槽。

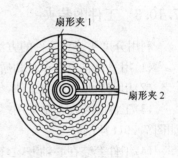

为了避免每次数孔的繁琐及确保手柄转过的孔距数可靠，可调整分度盘上的扇形夹 1 与 2 之间的夹角，使之等于欲分的孔间距数，这样依次进行分度时就可准确无误，如图 7.25 所示。

图 7.25 分度盘

7.10.2 分度头的安装与调整

(1)分度头主轴轴线与铣床工作台台面平行度的校正。如图 7.26 所示，用直径 φ40mm、长 400mm 的校正棒插入分度头主轴孔内，以工作台台面为基准，用百分表测量校正棒两端，当两端百分表数值一致时，则分度头主轴轴线与工作台台面平行。

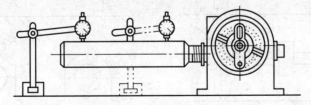

图 7.26 主轴与台面平行度的校正

(2)分度头主轴与刀杆轴线垂直度的校正。如图 7.27 所示，将校正棒插入主轴孔内，使百分表的触头与校正棒的内侧面(或外侧面)接触，然后移动纵向工作台，当百分表指针稳定不动时，则表明分度头主轴与刀杆轴线垂直。

(3)分度头与后顶尖同轴度的校正。先校正好分度头，然后将校正棒装夹在分度头与后顶尖之间以校正后顶尖与分度头主轴等高，最后校正其同轴度，即两顶尖间的轴线平行于工作台台面且垂直于铣刀刀杆，如图 7.28 所示。

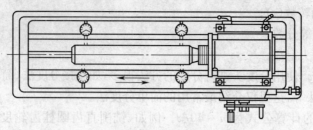

图 7.27 主轴与刀杆轴线垂直度的校正

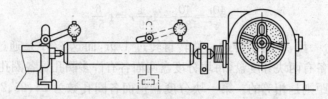

图 7.28 分度头与后顶尖同轴度的校正

7.10.3 工件的装夹

利用分度头装夹工件的方法,通常有以下几种。

(1)用三爪自定心卡盘和后顶尖装夹工件,如图 7.29(a)所示。

(2)用前后顶尖夹紧工件,如图 7.29(b)所示。

(3)工件套装在心轴上用螺母压紧,然后同心轴一起被顶持在分度头和后顶尖之间,如图 7.29(c)所示。

(4)工件套装在心轴上,心轴装夹在分度头的主轴锥孔内,并可按需要使主轴用分度头装夹工件的方法倾斜一定的角度,如图 7.29(d)所示。

(5)工件直接用三爪自定心卡盘夹紧,并可按需要使主轴倾斜一定的角度,如图 7.29(e)所示。

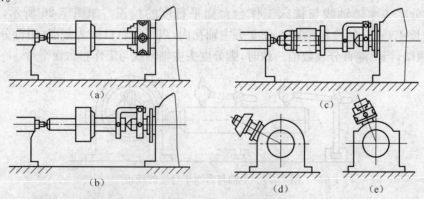

图 7.29 用分度头装夹工件的方法
(a)一夹一顶;(b)双顶夹顶工件;(c)双顶夹顶心轴;(d)心轴装夹;(e)卡盘装夹。

实习操作十二　铣削六面体

按表 7.1 所列的顺序铣削六面体。

表 7.1 六面体铣削步骤

平面铣削		要 点	六面体铣削
			材料及器械工具等
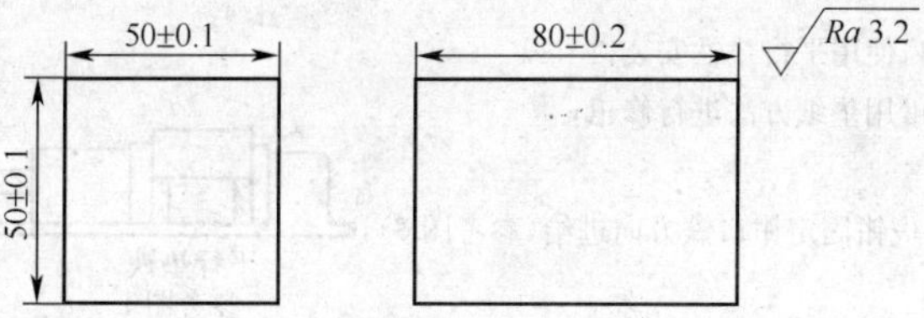 图1（尺寸：50±0.1，50±0.1，80±0.2，$Ra\ 3.2$）			材料铁（□65×85×55） 套装铣刀、测定工具一套、圆棒、铜锤、直角尺、锉、平行垫铁
号码	作业顺序	要点	图解
1	准备	(1)检查工件的加工余量； (2)安装套装式铣刀； (3)调节主轴转数和工件进给速度： v_c=90m/min～100m/min， v_f=200mm/min～250mm/min（粗） 100mm/min～120mm/min（精）	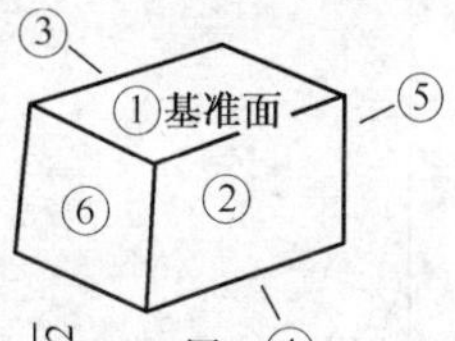 图2
2	加工①面	(1)将工件④面装于机用虎钳钳身上面，并夹紧； (2)将①面粗铣吃刀深度为2mm左右； (3)再粗铣吃刀深度为0.5mm左右	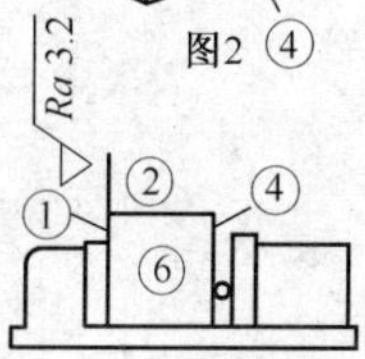 图3
3	加工②面	(1)如图3，将①面作为基准，使其贴紧，固定钳口铁，在活动钳口铁零件侧面，使用圆棒紧固； (2)按①面加工方法进行精铣； (3)用直角尺检查工件②面与①面是否成直角（图4）	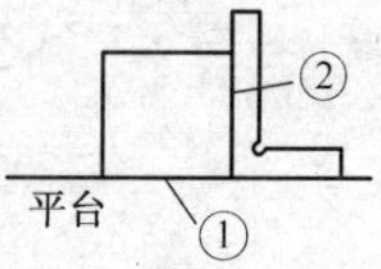 图4
4	加工③面	(1)将①面贴紧固定钳口铁，将②面贴紧机用虎钳的底面，用铜棒轻敲并固紧（图5）； (2)粗铣吃刀深度为2mm左右后，用游标卡尺测定尺寸，按照测定值进行精铣	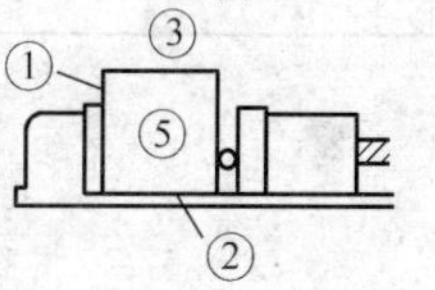 图5
5	加工④面	(1)将(一)面置于机用虎钳底面，将②面贴紧固定钳口铁，将③面置于活动钳口铁侧面并紧固（图6）； (2)按③面方法进行精铣	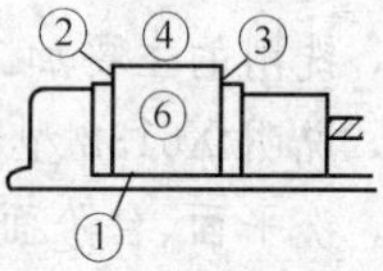 图6
6	加工⑤面	(1)将①面贴紧于固定钳口铁，将工件竖起放在虎钳的稍右侧，暂时上紧； (2)将直角尺置于工件的左侧贴紧虎钳底面，角尺边与②面贴紧，若不成直角，就用铜棒轻敲，并进行调整； (3)固紧工件，按①面加工方法进行精铣	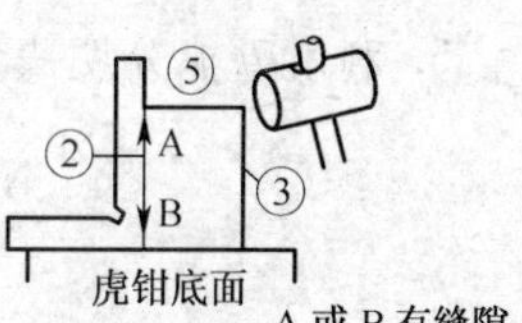 图7 A或B有缝隙
7	加工⑥面	(1)将①面贴紧钳口铁并紧固（图6）； (2)按③面加工方法进行精铣	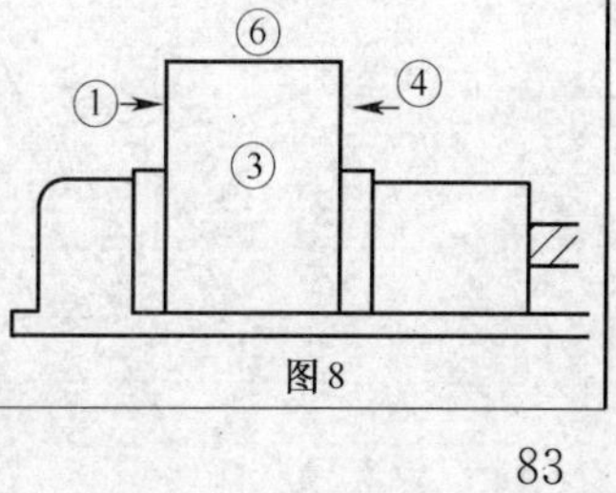 图8

(续)

号码	作业顺序	要点	图解
备注		(1)工件低于虎钳口铁时,如参考图1,使用平行垫铁安装; (2)工件不收成直角时,如参考图2,可用垫纸方法进行修正; (3)铣削所产生的毛边必须除去; (4)最重要的是要使主切削力经常在虎钳固定钳口铁方向进给(参考图3)	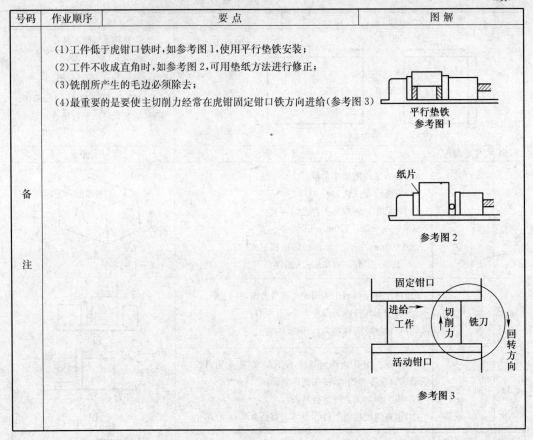

思 考 题

1. 铣削的主要加工范围是什么?
2. 说明 X6132 型铣床型号的含义。
3. 铣平面、台阶面、沟槽时应选用什么种类的刀具?
4. 在铣床工作台上安装万能分度头时,为什么要用百分表找正?
5. 利用万能分度头装夹工件的方法有哪几种?其定位基准是什么?

第 8 章 刨削加工

【目的和要求】

1. 了解刨削加工及加工范围。
2. 了解常用刨床的组成、运动和用途。
3. 在刨床上能正确安装工件、刀具,能完成刨平面、刨斜面和 T 形槽。

8.1 牛头刨床简介

刨削是一种常用的金属切削加工方法,通常用于加工平面、垂直面、台阶面、斜面、直槽、T 形槽、燕尾槽及成形面等,如图 8.1 所示。

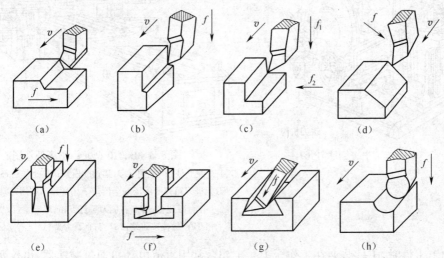

图 8.1 刨床加工范围
(a)刨平面;(b)刨垂直面;(c)刨台阶面;(d)刨斜面;(e)刨直槽;
(f)刨 T 形槽;(g)刨燕尾槽;(h)刨成行面。

刨削时,主运动是刨削的直线往复运动,前进进行切削;回程时,刨刀不切削。进给运动是工件间歇的横向移动。刨削的切削速度较慢,而且切削过程不连续,所以产生效率较低。但是,刨床结构简单、使用方便,刨削时不用切削液,加工的类型多,故在单件或小批量生产以及修配工作中得到广泛应用。

刨削加工所使用的设备主要有牛头刨床和龙门刨床。

1. 牛头刨床

牛头刨床主要由床身、滑枕、刀架、横梁和工作台等组成,如图 8.2 所示。各部件作用如下：

(1)床身。它与底座铸成一体，用来支撑和连接刨床各部件，顶面有燕尾形导轨，供滑枕往复运动。前面有垂直导轨，供横梁与工作台升降用。床身内部装有传动机构及润滑油。

(2)滑枕。它的前端装有刀架和刨刀，可沿床身导轨作往复直线运动。

(3)刀架。它由转盘、溜板、刀座、抬刀板、刀和手柄等组成，其作用是夹持刨刀。

(4)横梁。它用来带动工作台垂直移动，并作为工作台的水平移动导轨，以调整工件与刨刀的相对位置。

(5)工作台。它用来安装工件，并可沿横梁水平导轨作横向进给运动。

2. 龙门刨床

龙门刨床主要由床身、工作台、变速箱、横梁、立柱和刀架等组成，如图8.3所示。它主要用来刨削大型工件或一次刨削数个中、小型零件。

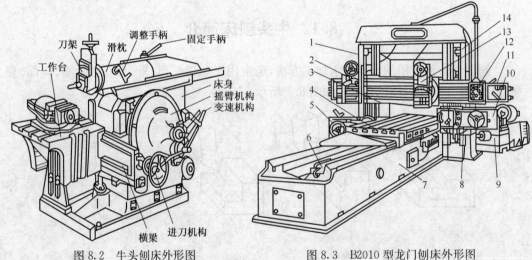

图 8.2 牛头刨床外形图　　图 8.3　B2010 型龙门刨床外形图

1— 左立柱；2—左垂直刀架；3—横梁；4—工作台；5—左侧刀架进刀箱；6—液压安全器；7—床身；8—右侧刀架；9—工作台减速箱；10—右侧刀架进刀箱；11—垂直刀架；12—悬挂按钮站；13—右垂直刀架；14—右立柱。

加工工件时，工件装夹在工作台上。工作台常用直流电动机通过减速器、齿轮及齿条驱动，作直线往复运动，即主运动。两个垂直刀架和两个侧刀架装刀后可同时作水平垂直进给，也可单独进给。龙门刨床配有一套直流发电机组和复杂的电气装置，使工作台作自动无级调速运动。如果是液压龙门刨床，它的工作台是用液压驱动的。刨削时，使工件慢速接近刨刀，切入工件后，增加到要求的切削速度，最后使工件慢速离开刨刀，接着，工作台快速退回，刨刀同时自动抬起，以减小与工件表面的摩擦。

8.2　刨刀及其安装

1. 刨刀的分类

(1)按刀杆的形状不同，刨刀可分为直杆刨刀和弯杆刨刀。牛头刨床多使用直杆刨刀,龙门刨床多使用弯杆刨刀。弯杆刨刀受到较大切削力时,刀杆绕支点向后弯曲变形,可避免啃伤工件或刀头崩坏。

(2)按用途不同,刨刀可分为平面刨刀、偏刀、切刀、双面刃刀、内孔刨刀和成形刨刀。

2. 刨刀的安装

牛头刨床的刀架安装在滑枕前端,如图8.4所示。刀架上有一刀夹,刀夹有一方孔,前端有一紧固螺钉,专供装夹刨刀之用。刨刀装入孔后,调整好背吃刀量,然后紧固螺钉,即可进行刨削。刨削平面时,刀架和抬刀板座都应在中间垂直位置,刨刀在刀架上不能伸出太长,以免在刨削工件时发生折断。

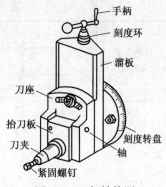

图8.4 刀架结构图

8.3 工件的装夹

工件刨削前,应根据工件形状和尺寸来选用刨床和装夹方法。对于较小工件,选用牛头刨床加工,用平口钳装夹;对于中型工件,直接装夹在牛头刨床工作台上。刨床工作台上备有T形槽,可以利用工件侧面的凸台、圆孔,使用螺栓、压板、垫铁,将工件装夹牢固;如是大型工件,则选用龙门刨床加工,可直接将工件装夹在工作台上进行刨削。

8.4 刨削操作

在牛头刨床上加工工件,要调整好行程长度和选择刨削用量。

(1)调整行程长度和位置。滑枕的行程长度应大于工件加工面长度,前端空行程距离小于后端空行程距离,刨刀在前端的短空行程是为了使刀具顺利让刀,不致崩刀或刀头碰落,后端长空行程是为了保证刀具在吃刀前有足够的时间落下。

(2)刨削用量的选择。应先确定背吃刀量,再选择进给量,最后选切削速度,牛头刨床上切削用量的选择可参考表8.1和表8.2。

表8.1 刨平面切削用量(牛头刨床)

背吃刀量 a_p/mm	进给量 f(mm/双行程)						
	0.3	0.4	0.5	0.6	0.75	0.9	1.1
	切削速度 v/(m/min)						
1.0		50	43	37.5	32.8	29.3	25.5
2.5		39.6	34.2	30.5	26.2	23.2	20.4
4.5	41.3	34	29.4	26	22.3	20	
8.0	36.2	29.8	25.6	22.6	19.5	17.4	

注:工件材料为结构钢,σ_b=650MPa;刀具材料为高速钢

表8.2 刨平面切削用量(牛头刨床)

背吃刀量 a_p/mm	进给量 f(mm/双行程)					
	0.28	0.40	0.55	0.75	1.1	1.5
	切削速度 v/(m/min)					
0.7	34	30	26	23	20	18
1.5	30	26	23	20	18	16
4.0	26	23	20	18	16	14.1
10	23	20	18.1	16	14.1	12.3

注：工件材料为灰铸铁，硬度为190HBW；刀具材料为高速钢

对于灰铸铁工件加工，背吃刀量小于5mm时，进给量应为0.67mm(走齿2格)；如背吃刀量大于10mm，进给量只能用0.33mm(走齿1格)。对于碳钢或低合金钢工件，背吃刀量为3mm~6mm时，进给量应为0.33mm(走齿1格)。

8.4.1 平面的刨削

具体操作步骤如下：

(1)首先将工件装夹在工作台上或平口钳上，找正位置，按照加工精度和形状要求，选用合适的刨刀，并装夹在刀夹上。

(2)调整滑枕行程位置的长度，将工作台升高至适当的高度，并根据加工技术要求、工件材料和刀具材料等，选择并确定滑枕每分钟往复次数和工作台的进给量。

(3)开动机床，先使用手动进给，试切少许平面(宽度为0.5mm~1.0mm)，停车测量尺寸，根据测量结果，利用刀架刻度盘调整刨削深度，并将工作台退到原来位置，重新使用自动进给进行刨削。整个平面的刨削过程，特别是精刨，应一次连续完成，如要中途停车，会在刨削过的表面出现接刀痕迹。刨削终了时，先停车进行检验，符合技术要求后再卸下工件。

8.4.2 垂直面的刨削

操作步骤如下：

(1)刨削前，检查和调整刀架转盘刻度线对准零线，如果刻度不准确，可用90°角尺检测，找正刀架垂直度。

(2)将刀架转盘偏转10°~15°，使刀具在刨削过程返回途中抬离工件平面，减少刨刀的磨损和避免划伤加工表面。

(3)对刀，用手摇动工作台刀架，确定背吃刀量。

(4)开车试刨，用手移动垂直走刀，试刨1mm~2mm，然后停机测量尺寸，检查背吃刀量是否合适。

(5)试刨后，使各方面符合要求才能开始刨削，在刨削到最后几刀时，进给量要小一些，以免刨坏工件边缘。

8.4.3 刨削斜面

对斜面刨削的操作方法很多,有倾斜刀架法、斜装工件水平走刀法、转动钳口垂直走刀刨斜面法和用样板刀刨斜面法等。常用的倾斜刀架法是把刀架和抬刀板座分别回转一定的角度,用手摇动刀架,从上向下沿倾斜方向进行刨削。

8.4.4 刨削 T 形槽

刨削 T 形槽,首先刨出各个关联平面,然后在工件的端面和上平面划出加工线,调整刀架转盘刻度对准零线,摆正刀座,进行刨削。

操作步骤如下:

(1)正确安装工件,并在纵横方向进行找正,用切槽刀刨出直槽,留 0.2mm 的精加工余量。

(2)用弯切刀粗加工右侧凹槽,换用精刨刀精刨一次,才能保证槽壁平整垂直。

(3)换装反方向的弯切刀,用同样方法刨削左侧凹槽。

(4)用角度刨刀以低速及较小进给量精刨直槽至尺寸要求,换装倒角刀进行倒角。

8.5 典型零件的刨削

(1)平面的刨削加工见表 8.3。

表 8.3 操作示范 I

用牛头刨床刨削平面			平面加工
			材料及器械工具等
			铸铁(□75×85) 扳手、油壶、平行垫铁虎钳、圆棒(或夹板)、中纹平锉、毛刷
序号	作业顺序	要 点	图 解
1	准备	(1)往刨床加油处加油; (2)测量材料尺寸,检查加工余量; (3)将和工件相接触的虎钳上所有各面及钳口垫片擦净; (4)安装刨刀	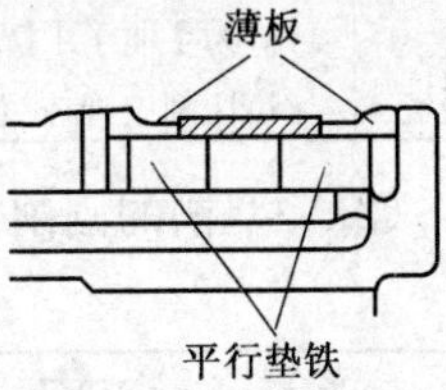 图 1
2	将工件装于虎钳	(1)按工件的大小、选择平行垫铁(图1); (2)如图 2 所示,采用圆棒(或夹板)轻轻紧固工件; (3)用铜锤轻敲工件的上央,使其与平行垫铁贴紧; (4)紧固虎钳	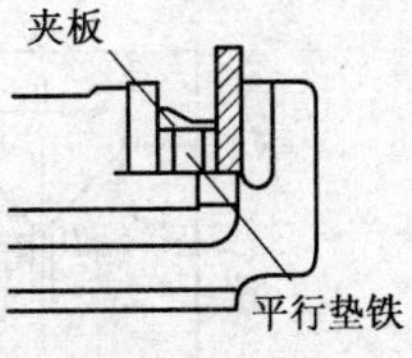 图 2

(续)

序号	作业顺序	要点	图解
3	确定滑枕行程	(1)按刨刀刀尖和工件加工端的长度,调整滑枕行程; (2)如图3所示,调整滑枕行程长度和位置; (3)将行程的每分钟往复行程数调节在40次/min～60次/min; (4)滑枕动作时,检查刨刀是否碰到工件,然后再开始工作; (5)将工作台自动进给量调整好	滑枕位置调整轴 滑枕固定手柄 滑枕 滑枕位置调整轴回转方向 前方 后方 图3
4	将刨刀对准零	(1)当刨刀至加工面的位置时,停止滑枕移动; (2)转动刀架进给手柄(图4),将刨刀的刀尖接近加工面后轻轻放下; (3)将刀架轴环刻度对准零	
5	切入	(1)移动工作台,使刨刀离开工面; (2)使刨刀切入工件1mm～2mm,固紧刀架(切入深度,以使加工余量能在两三次走刀中刨去为准)	
6	刨削	(1)将工作台手进给使刨刀移至接触工件; (2)将进给棘爪转90°,使工作台自动进给; (3)检查整个加工面是否切削完了,加工完后即脱开工作台的自动进给棘爪; (4)使滑枕在行程最后部位停止; (5)将工作台用手动摇回到切削前的位置(若还要切削时按作业项5、6进行操作)	手柄 削度杆 溜板 刀座 抽刀板 刻度 刀夹 轴 紧固螺钉 图4
7	取下工件	(1)关掉开关; (2)用毛刷除去切屑; (3)将工件摇至一边,用钢尺测量工件尺寸,合格后即可松开虎钳,取下工件; (4)用锉除去工件毛刺; (5)将虎钳的钳口及平行垫铁擦净; (6)清理虎钳和工件台上的切屑	
备注		(1)随着机床的惯性动作使滑枕滑动,同时将刨刀对准零,在取下刨时注意不要再碰撞工件; (2)进给时,要注意刀架丝杠的间隙,一旦变大就重新调整; (3)为了便于了解切削阻力情况,将工作台手动进给,进行切削的练习是必要的; (4)切削中,要注意安全,不可站于滑枕前面	

(2)V型槽的刨削加工见表8.4。

表8.4 操作示范Ⅱ

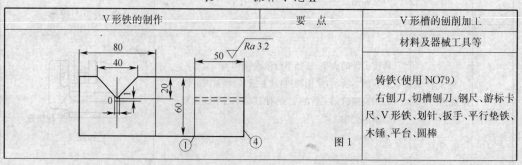

V形铁的制作	要点	V形槽的刨削加工
图1		材料及器械工具等 铸铁(使用NO79) 右刨刀、切槽刨刀、钢尺、游标卡尺、V形铁、划针、扳手、平行垫铁、木锤、平台、圆棒

(续)

序号	作业顺序	要点	图解
1	工件准备	(1)检查工件各面尺寸及垂直角度； (2)在①、④面上涂上划线的涂料(图1)； (3)平口钳按图2所示方向转90°正确定位	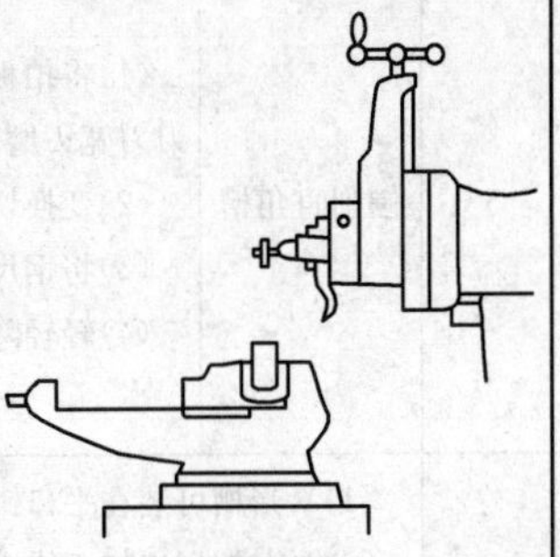 图2
2	划线	(1)求①面的中心点，打中心样冲眼； (2)将工件放在方箱上，将划针的针尖对准中心样冲眼，划水平线； (3)保持原样，从里面向外划线； (4)如图3所示，将工件转90°，与前次一样再划水平线，划V形槽； (5)将工件直接置于平台上，划直角槽	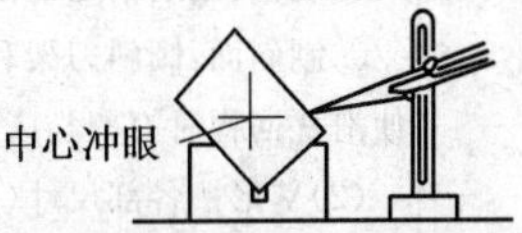 中心冲眼 图3
3	安装工件	(1)如图4所示，将工件放在平行扩建铁上，按照划线与平口钳钳口平行，暂时紧固平口钳； (2)以工件台面为基础，用划针检查划线的水平情况，同时紧固工件(边用木锤轻敲，边进行水平调整)	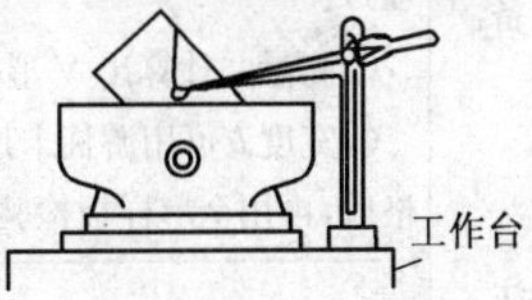 工作台 图4
4	刨削V形槽	(1)如图5所示，将拍板座倾斜于工件，切削面一侧，垂直安装右侧刀； (2)调整行程长度和位置； (3)如图6所示，将刨刀刀尖调整于V形槽中央部位； (4)如图7所示，切入2mm左右，同时用手动一边使工作台和刀架交替移动，一边在形上扩大V形槽； (5)粗加工，留精刨余量0.5mm左右； (6)吃刀至划线为止，将进给量减少，精加工V形槽	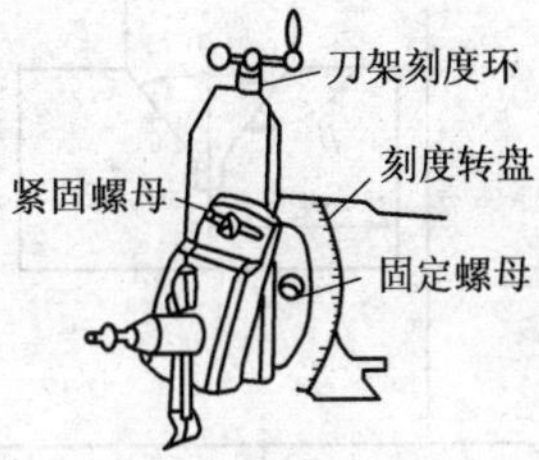 刀架刻度环 紧固螺母　刻度转盘 固定螺母 图5 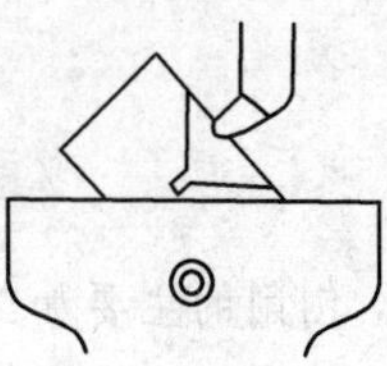 图6 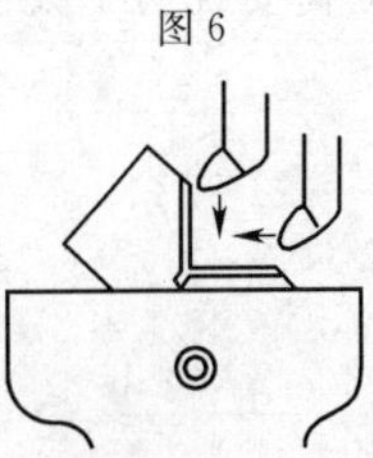 图7

(续)

序号	作业顺序	要点	图解
5	刨削直角槽	(1)将拍板底垂直置于原处,并垂直安装切槽刨刀(将刨刀刀宽刃磨至 4mm); (2)变换切削速度,使其较前加工慢一级; (3)将钢尺 38mm 处刻线对准工件的端面; (4)轻轻降低刀架,使刨刀逐步切入至划线为止	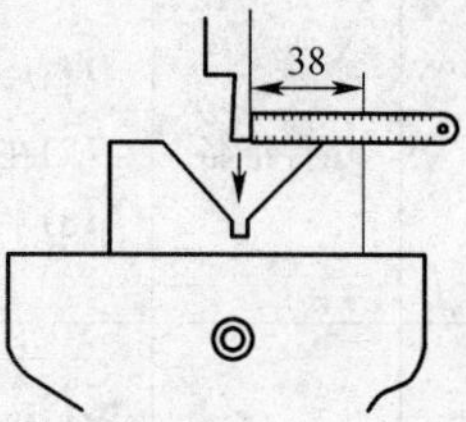 图 8
备 注		(1)V 形槽可装在平口钳上按下列步骤加工: ①粗刨:按划出加工线水平走刀刨去工件顶面大部分金属; ②切槽:用切槽刀切出直角槽; ③刨斜面:倾斜刀架和拍板座,换上偏刀,然后手摇刀架,刨出两个斜面。扳转刀架前,应调好行程大小。使滑枕回程时刀架与床身间距在 10mm 以上,以免刀架与床身相撞。 (2)V 形槽各部尺寸(参考图(a))可用下法测量; ①用游标量器测量 V 形加工表面和斜面的夹角 $\beta=90°+\theta/2$。工件的夹角 $\beta=90°+90°/2=135°$(参考图(a)); ②测量并计算出 V 形槽相对位置尺寸 L,如参考图(b)所示,按下式求出 L_x:$L_x=L-d/2$(圆棒直径); ③宽度 b 可用游标卡尺测量,或钢尺直接测量,在成批生产时,可用样板测量。先用单边角度样板检验合格后,再用全形样板检验(参考图(c)) 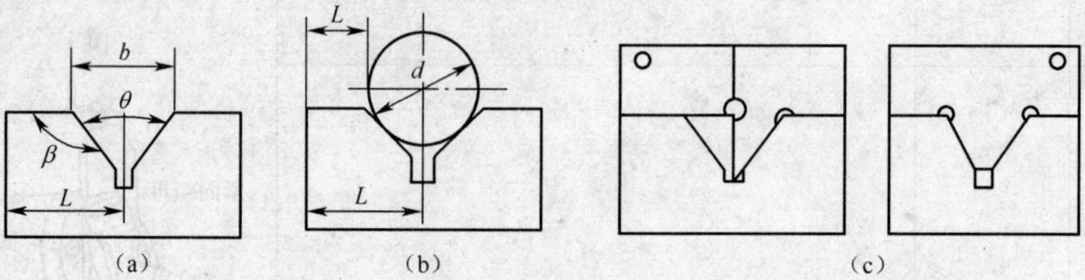 参考图	

思 考 题

1. 刨削的主要加工范围是什么?
2. 简要说明牛头刨床的主运动和进给运动。

第四篇 钳工实习

【目的和要求】

1. 了解钳工工作在零件加工、机械装配及维修中的作用、特点和应用。
2. 能正确使用钳工常用的工具、量具。
3. 掌握钳工主要工作(划线、锯切、锉削、钻孔、刮削、攻螺纹、套螺纹)的基本操作方法,并能按图样独立加工简单零件。
4. 了解刮削、扩孔、铰孔的加工方法和应用。
5. 熟悉装配的概念及简单部件的装拆方法,完成简单部件的装拆工作。

第9章 概 述

9.1 钳工工作

钳工主要是利用台虎钳、各种手用工具和一些机械电动工具完成某些零件的加工、部件、机器的装配和调试以及各类机械设备的维护与修理等工作。

钳工是一种比较复杂、细致、工艺要求高的工作,基本操作包括零件测量、划线、錾削、锯切、锉削、钻孔、扩孔、锪孔、铰孔、攻螺纹、套螺纹、刮削、研磨、矫直、弯曲、铆接、钣金下料以及装配等。

随着机械工业的发展,钳工的工作范围日益广泛,需要掌握的技术知识和技能也越来越多,以至形成了钳工专业的分工,如普通钳工、划线钳工、修理钳工、装配钳工、模具钳工、工具样板钳工、钣金钳工等。

钳工具有所用工具简单、加工多样灵活、操作方便和适应面广等特点。目前虽然有各种先进的加工方法,但很多工作仍然需要由钳工来完成,如某些零件加工(主要是机床难以完成或者是特别精密的加工),机器的装配和调试,各类机械的维修,以及形状复杂、精度要求高的量具、模具、样板、夹具等的加工,这些都离不开钳工。钳工在保证机械加工质量中起着重要作用,因此,尽管钳工工作大部分是手工操作,生产效率低,工人操作技术要求高,但目前它在机械制造业中仍起着十分重要的作用,是不可缺少的重要工种之一。

9.2 钳工工作台和台虎钳

1. 钳工工作台(图9.1(a))

工作台简称钳台,有单人用和多人用两种,用硬质木材或钢材做成。工作台要求平稳、结实,台面高度一般以装上台虎钳后钳口高度恰好与人手肘平齐为宜(图9.1b),抽屉可用来收藏工具,台桌上必须装有防护网。

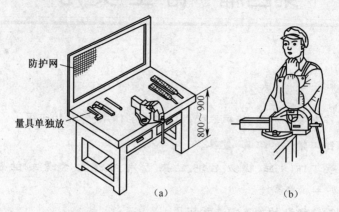

图9.1 工作台及台虎钳的合适高度
(a)工作台;(b)台虎钳的合适高度。

2. 台虎钳(图9.2)

台虎钳用来夹持工件,其规格以钳口的宽度来表示,常用的有100mm、125mm、150mm 3种。

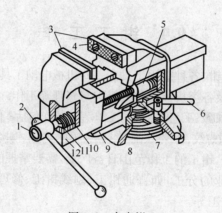

图9.2 台虎钳
1—丝杆;2—摇动手柄;3—淬硬的钢钳口;4—钳口螺钉;5—螺母;6—紧固手柄;
7—夹紧盘;8—转动盘座;9—固定钳身;10—弹簧;11—垫圈;12—活动钳身。

使用台虎钳时应注意的事项:
(1)工件尽量夹持在台虎钳钳口中部,使钳口受力均匀。
(2)夹紧后的工件应稳固可靠,便于加工,并且不产生变形。
(3)只能用手扳紧手柄夹紧工件,不准用套管接长手柄或用手锤敲击手柄,以免损坏零件。
(4)不要在活动钳身的光滑表面进行敲击作业,以免降低其与固定钳身的配合性能。
(5)加工时用力方向最好是朝向固定钳身。

实习操作十三

(1)熟悉工作位置,整理并安放好所使用的工、量具(量具不能与工具或工件混放在一起)。

(2)熟悉台虎钳结构(可拆装实践),并在台虎钳上进行工件装夹练习。

9.3 划 线

根据图样的尺寸要求,用划线工具在毛坯或半成品工件上划出待加工部位的轮廓线或作为基准线的操作称为划线。

划线的作用:所划的轮廓线即为毛坯或工件的加工界限和依据,所划的基准点或线是毛坯或工件安装时的标记或校正线;借划线来检查毛坯或工件的尺寸和形状,并合理地分配各加工表面的余量,及早剔出不合格品,避免造成后续加工工时的浪费;在板料上划线下料,可做到正确排料,使材料得到合理使用。

划线是一项复杂、细致的重要工作,如果将线划错,就会造成加工后的工件报废,因此对划线的要求是:尺寸准确、位置正确、线条清晰、冲眼均匀。划线精度一般为 0.25mm～0.5mm,划线精度将直接关系到产品质量。

9.3.1 划线工具

按用途划线工具可分为以下几类:基准工具、量具、直接绘划工具、夹持工具等。

1. 基准工具

划线平台是划线的主要基准工具,如图 9.3 所示,其安放要平稳、牢固,上平面应保持水平。划线平台的平面各处要均匀使用,以免局部磨凹,其表面不准碰撞也不准敲击,且要经常保持清洁。划线平台长期不用时,应涂油防锈,并加盖保护罩。

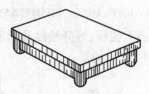

图 9.3 划线平台

2. 量具

量具有钢直尺、90°角尺、高度尺等。普通高度尺(图 9.4(a))又称量高尺,由钢直尺和底座组成,使用时配合划针盘量取高度尺寸。高度游标卡尺(图 9.4 b)能直接表示出高度尺寸,其读数精度一般为 0.02mm,可作为精密划线工具。

3. 直接绘划工具

直接绘划工具有划针、划规、划卡、划线盘和样冲。

(1)划针(图 9.5(a)、(b))。划针是在工件表面划线用的工具,常用 φ3mm～φ6mm 的工具钢或弹簧钢丝制成,其尖端磨成 15°～20°的尖角,并经淬火处理。有的划针在尖端部

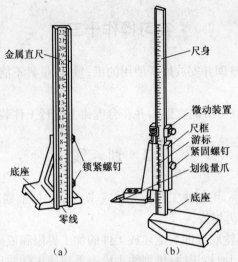

图 9.4 量高尺与高度游标卡尺
(a)量高尺;(b)高度游标卡尺。

位焊有硬质合金,这样划针就更锐利,耐磨性更好。划线时,划针要依靠钢直尺或 90°角尺等导向工具而移动,并向外侧倾斜 15°～20°,向划线方向倾斜 45°～75°(图 9.5(c))。在划线时,要做到尽可能一次划成,使线条清晰、准确。

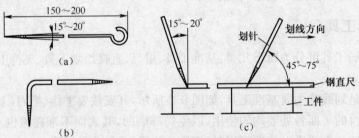

图 9.5 划针的种类及使用方法
(a)直划针;(b)弯头划针;(c)用划针划线的方法。

(2)划规(图 9.6)。划规是划圆、弧线、等分线段及量取尺寸等使用的工具,它的用法与制图中圆规相同。

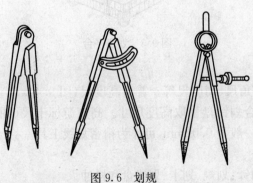

图 9.6 划规

(3)划卡。划卡(单脚划规)主要是用来确定轴和孔的中心位置,其使用方法如图 9.7 所示。操作时应先划出四条圆弧线,然后再在圆弧线中冲一样冲点。

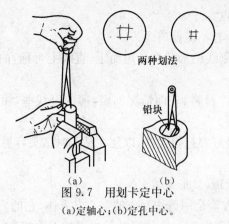

图 9.7　用划卡定中心
(a)定轴心；(b)定孔中心。

(4)划线盘(图 9.8)。划线盘主要用于立体划线和校正工件位置。用划线盘划线时，要注意划针装夹应牢固，伸出长度要短，以免产生抖动。其底座要保持与划线平台贴紧，不要摇晃和跳动。

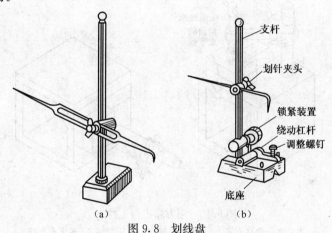

图 9.8　划线盘
(a)普通划线盘；(b)可调式划线盘。

(5)样冲(图 9.9)。样冲是在划好的线上冲眼时使用的工具。冲眼是为了强化显示用划针划出的加工界线，也是使划出的线条具有永久性的位置标记，另外它也可作为划圆弧作定心脚点使用。样冲用工具钢制成，尖端处磨成 45°～60°角并经淬火硬化。

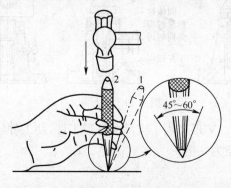

图 9.9　样冲及其用法
1—对准位置；2—冲孔。

冲眼时要注意以下几点。

①冲眼位置要准确,冲心不能偏离线条。

②冲眼间的距离要以划线的形状和长短而定,直线上可稀,曲线则稍密,转折交叉点冲点。

③冲眼大小要根据工件材料、表面情况而定,薄的可浅些,粗糙的应深些,软的应轻些,而精加工表面禁止冲眼。

④圆中心处的冲眼,最好要打得大些,以便在钻孔时钻头容易对中。

4. 夹持工具

夹持工具有方箱、千斤顶、V形架等。

(1)方箱(图9.10)。方箱是用铸铁制成的空心立方体,它的六个面都经过精加工,其相邻各面互相垂直。方箱用于夹持、支承尺寸较小而加工面较多的工件。通过翻转方箱,可在工件的表面上划出互相垂直的线条。

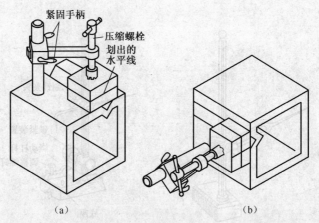

图 9.10　用方箱夹持工件

(a)将工件压紧在方箱上,划出水平线;(b)方箱翻转90°划出垂直线。

(2)千斤顶(图9.11)。千斤顶是在平板上作支承工件划线使用的工具,其高度可以调整,通常用三个千斤顶组成一组,用于不规则或较大工件的划线找正。

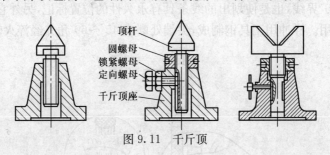

图 9.11　千斤顶

(3)V形架(图9.12)。V形架用于支承圆柱形工件,使工件轴心线与平台平面(划线基面)平行,般两个V形架为一组。

9.3.2　划线基准

用划线盘划各水平线时,应选定某一基准作为依据,并以此来调节每次划线的高度,

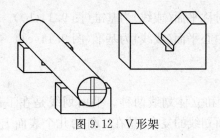

图 9.12 V形架

这个基准称为划线基准。

在零件图上用来确定其他点、线、面位置的基准称为设计基准,划线时,划线基准与设计基准应一致,因此合理选择基准可提高划线质量和划线速度,并避免由失误引起的划线错误。

选择划线基准的原则:一般选择重要孔的轴线为划线基准(图 9.13(a)),若工件上个别平面已加工过,则应以加工过的平面为划线基准(图 9.13(b))。

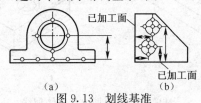

图 9.13 划线基准

(a)以孔的轴线为基准;(b)以已加工面为基准。

常见的划线基准有三种类型。

(1)以两个互相垂直的平面(或线)为基准(图 9.14(a))。

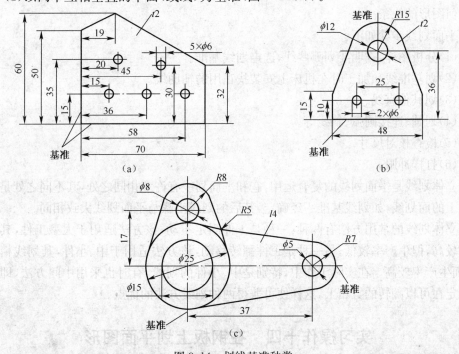

图 9.14 划线基准种类

(a)以两个互相垂直的平面(或线)为基准;(b)以一个平面与一对称平面或线为基准;(c)以两个互相垂直的中心面或线为基准。

(2)以一个平面与一对称平面(或线)为基准(图 9.14(b))。
(3)以两互相垂直的中心平面(或线)为基准(图 9.14(c))。

9.3.3 划线方法

划线方法分平面划线和立体划线两种。平面划线是在工件的一个平面上划线(图 9.15(a));立体划线是平面划线的复合,是在工件的几个表面上划线,即在长、宽、高三个方向划线(图 9.15(b))。

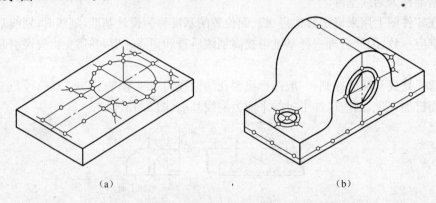

图 9.15 平面划线和立体划线
(a)平面划线;(b)立体划线。

平面划线与平面作图方法类似,即用划针、划规、90°角尺、钢直尺等在工件表面上划出几何图形的线条。

平面划线步骤如下:
(1)分析图样,查明要划哪些线,选定划线基准。
(2)划基准线和加工时在机床上安装找正用的辅助线。
(3)划其他直线。
(4)划圆、连接圆弧、斜线等。
(5)检查核对尺寸。
(6)打样冲眼。

立体划线是平面划线的复合运用,它和平面划线有许多相同之处,其不同之处是在两个以上的面划线,如划线基准一经确定,其后的划线步骤与平面划线大致相同。

立体划线的常用方法有两种:一种是工件固定不动,该方法适用于大型工件,其划线精度较高,但生产率较低;另一种是工件翻转移动,该方法适用于中、小件,其划线精度较低,而生产率较高。在实际工作中,特别是中、小件的划线,有时也采用中间方法,即将工件固定在可以翻转的方箱上,这样便可兼得两种划线方法的优点。

实习操作十四　在钢板上划平面图形

平面划线示例如图 9.16 所示。

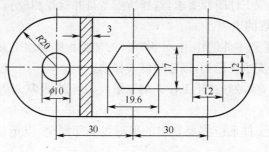

图 9.16 平面划线示例

实习操作十五　简单零件的立体划线

图 9.17 所示为滑动轴承座进行立体划线的实例,其划线步骤如下:
(1)研究图样,确定划线基准。
(2)清理工件表面,给划线部位涂上石灰水,给铸孔堵上木料或铅料塞块。
(3)用图 9.16 平面划线示例千斤顶支承工件后找正(图 9.17(a))。
(4)划基准线,划水平线(图 9.17(b))。
(5)翻转工件,找正,划出互相垂直的线(图 9.17(c)、(d))。
(6)检查划线质量,确认无误后,打上样冲眼,划线结束。

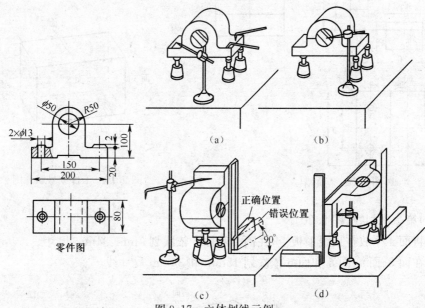

图 9.17 立体划线示例
(a)找正:根据孔中心及平面,调节千斤顶,使工件水平;(b)划出水平线;
(c)反转 90°,用 90°角尺找正、划线;(d)翻转 90°,用 90°角尺在两个方向找正、划线。

操作要点
1. 划线前的准备
(1)工件准备包括工件的清理、检查和表面涂色,必要时在工件孔中安置中心塞块。

(2)工具的准备 按工件图样要求,选择所需工具并检查和校验工具。

2. 操作时应注意的事项

(1)看懂图样,了解零件的作用,分析零件的加工程序和加工方法。

(2)工件夹持或支承要稳当,以防滑倒或移动。

(3)毛坯划线时,要做好找正工作。第一条线如何划,要从多方面考虑,制定划线方案时要考虑到全局。

(4)在支承好的工件上应将要划出的平行线全部划全,以免再次支承补划造成划线误差。

(5)正确使用划线工具,划出的线条要准确、清晰,关键部位要划辅助线,样冲眼的位置要准确,大小疏密要适当。

(6)划线时自始至终要认真、仔细,划完后要反复核对尺寸,直到确实无误后才能转入机械加工。

教师演示 V形架立体划线(图9.18)

(1)分析图样所标注尺寸要求、加工部位,进行工件涂色。将工件编号(图9.19)。

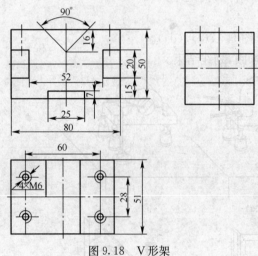

图9.18 V形架

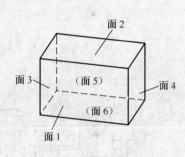

图9.19 工件编号示意图

(2)第一次划线(图9.20)。

①将面1平放在划线平板上,在面5和面6依次划7mm、34mm尺寸线。

②在面3、面4、面5和面6依次划15mm和35mm尺寸线。

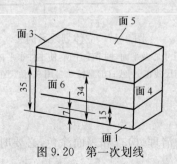

图9.20 第一次划线

(3)第二次划线(图9.21)。

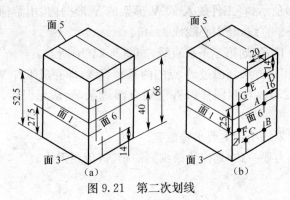

图9.21 第二次划线

①将面3平放在平板上,在面6和面5划40mm尺寸中心线,产生交点A点与A'点,完成16mm尺寸线;再划14mm、66mm尺寸线,产生交点B、C、D、E点和B'、C'、D'、E'点,完成两侧20mm尺寸槽的划线。

②在面1、面6和面5上划27.5mm和52.5mm尺寸线,产生交点F、G点与F'、G'点,完成底槽25mm×7mm尺寸线。

(4)第三次划线(图9.22)。将面3放在平板上,用游标高度尺在面2上依次划10mm和70mm尺寸线。

(5)第四次划线(图9.23)。将面6放在平板上,用游标高度尺在面2上依次划11.5mm、25.5mm和39.5mm尺寸线分别相交于a、b、c、d点,完成攻螺纹孔位加工线。

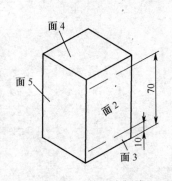

图9.22 第三次划线

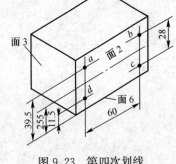

图9.23 第四次划线

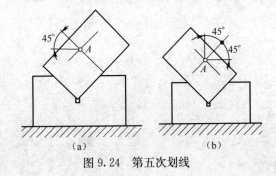

图9.24 第五次划线

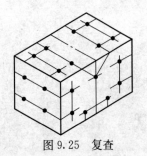

图9.25 复查

(6)90°V形槽划线。

①如图9.24(a)所示,将工件放入90°V形架的V形槽内,用游标高度尺对准面6上的中心点A,划一条平直线,与中心线成45°角。

②将工件转90°位置,划第二条平直线,如图9.24(b)所示。

③在面5上按相同方法划出过A'点的两条平直线,即完成工件V形槽的划线。

(7)复查(图9.25)。对照图样检查已划全部线条,确认无误后,在所划线条上打样冲眼。

注意:①工件在划线平台上要平稳放置。

②划线压力要一致,划出线条细而清晰,避免划重线。

思 考 题

1. 钳工的基本操作有哪些?
2. 划线的作用是什么?
3. 什么是划线基准?如何选择划线基准?

第 10 章　钳工基本工艺

钳工錾削、锯削、锉削、钻孔、扩孔、铰孔、锪孔和攻螺纹、套螺纹等。现分述如下。

10.1　錾　削

用手锤打击錾子对金属进行切削加工的操作称为錾削。錾削的作用就是錾掉或錾断金属，使其达到所要求的形状和尺寸。

錾削具有较大的灵活性，它不受设备、场地的限制，多在机床上无法加工或采用机床加工难以达到要求的情况下使用。目前，錾削一般用于錾油槽、刻模具及錾断板料等。

錾削是钳工需要掌握的基本技能之一。通过錾削工作的锻炼，可提高操作者敲击的准确性，为装拆机械设备（钳工装配、机器修理）奠定基础。

10.1.1　錾削工具

錾削工具主要是錾子与手锤。

1. 錾子

錾子应具备的条件：錾子刃部的硬度必须大于工件材料的硬度，并且必须制成楔形（即有一定楔角），这样才能顺利地分割金属，达到錾削加工的目的。錾子的构造：錾子由锋口（切削刃）、斜面、柄部、头部 4 个部分组成（图 10.1），其柄部一般制成棱形，全长 170mm 左右，直径 $\phi 18$mm～$\phi 20$mm。

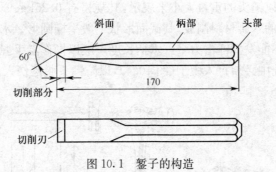

图 10.1　錾子的构造

錾子的种类：根据工件加工的需要，一般常用的錾子有以下几种。

（1）扁錾（平口錾）。如图 10.2（a）所示，扁錾有较宽的切削刃（刀刃），刃宽一般为 15mm～20mm，可用于錾大平面、较薄的板料、直径较细的棒料、清理焊件边缘及铸件与锻件上的毛刺、飞边等。

（2）尖錾（狭錾）。如图 10.2（b）所示，尖錾的切削刃较窄一般为 2mm～10mm，用于錾槽和配合扁錾錾削宽的平面。

(3)油槽錾。如图10.2(c)所示,油槽錾的切削刃很短并呈圆弧状,其斜面作成弯曲形状,可用于錾削轴瓦和机床润滑面上的油槽等。

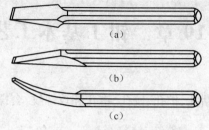

图 10.2 錾子的种类

(a)扁錾;(b)尖錾;(c)油槽錾。

在制造模具或其他特殊场合,如还需要特殊形状的錾子,可根据实际需要锻制。

錾子的材料:錾子的材料通常采用碳素工具钢 T7、T8,经锻造并作热处理,其硬度要求是切削部分 52HRC~57HRC,头部 32HRC~42HRC。

錾子的楔角:錾子的切削部分呈楔形,它由两个平面与一个切削刃所组成,其两个面之间的夹角称为楔角 β,錾子的楔角越大,切削部分的强度越高。錾削阻力加大,不但会使切削困难,而且会将材料的被切面錾切不平,所以应在保证錾子具有足够强度的前提下尽量选取小的楔角值。一般来说,錾子楔角要根据工件材料的硬度来选择:在錾削硬材料(如碳素工具钢)时,楔角取 60°~70°;錾削碳素钢和中等硬度的材料时,楔角取 50°~60°;錾削软材料(铜、铝)时,楔角取 30°~50°。

2. 手锤

手锤是錾削工作中不可缺少的工具,用錾子錾削工件时必须靠手锤的锤击力才能完成錾削。

手锤(图10.3)由锤头和木柄两部分组成。锤头用碳素工具钢制成,两端经淬火硬化、磨光等处理,顶面稍稍凸起。锤头的另一端形状可根据需要制成圆头、扁头、鸭嘴或其他形状。手锤的规格以锤头的重量大小来表示,其规格有 0.25kg、0.5kg、0.75kg、1kg 等几种。木柄需用坚韧的木质材料制成,其截面形状一般呈椭圆形。木柄长度要合适,过长操作不方便,过短则不能发挥锤击力量。木柄长度一般以操作者手握锤头、手柄与肘长相等为宜,木柄装入锤孔中必须打入楔子(图10.4),以防锤头脱落伤人。

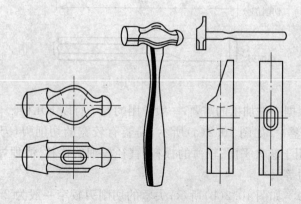

图 10.3 钳工用手锤

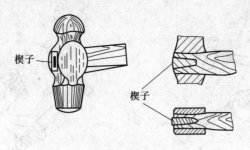

图 10.4 锤柄端部打入楔子

10.1.2 錾削操作

1. 錾子的握法

握錾的方法随工作条件不同而不同,其常用的方法有以下几种。

(1)正握法(图 10.5(a))。这种握法是:手心向下,用虎口夹住錾身,拇指与食指自然伸开,其余三指自然弯曲靠拢并握住錾身。这种握法适于在平面上进行錾削。

(2)反握法(图 10.5(b))。这种握法是:手心向上,手指指自然捏住錾柄,手心悬空。这种握法适用于小的平面或侧面錾削。

(3)立握法(图 10.5(c))。这种握法是:虎口向上,拇指放在錾子一侧,其余四指放在另一侧捏住錾子。这种握法用于垂直錾切工件,如在铁砧上錾断材料等。

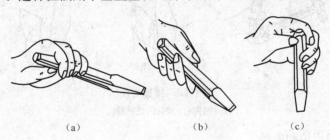

图 10.5 錾子的握法
(a)正握法;(b)反握法;(c)立握法。

2. 手锤的握法

手锤的握法有紧握法、松握法两种。

(1)紧握法(图 10.6)。这种握法是:右手五指紧握锤柄,大拇指合在食指上,虎口对准锤头方向,木柄尾端露出 15mm~30mm,在锤击过程中五指始终紧握。这种方法因手锤紧握,所以容易疲劳或将手磨破,应尽量少用。

(2)松握法(图 10.7)。这种握法是:在锤击过程中,拇指与食指仍卡住锤柄,其余三指稍有自然松动并压着锤柄,锤击时三指随冲击逐渐收拢。这种握法的优点是轻便自如、锤击有力、不易疲劳,故常在操作中使用。

3. 挥锤方法

挥锤方法有腕挥、肘挥、臂挥 3 种。

(1)腕挥(图 10.8(a))。腕挥是指单凭腕部的动作,挥锤敲击。这种方法锤击力小,适用錾削的开始与收尾,或錾油槽、打样冲眼等用力不大的地方。

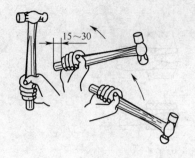
图10.6　手锤紧握法

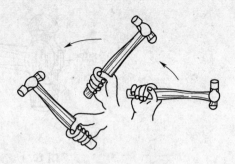
图10.7　手锤松握法

(2)肘挥(图10.8(b))。肘挥是靠手腕和肘的活动,也就是小臂的挥动来完成挥锤动作,挥锤时手腕和肘向后挥动,上臂不大动,然后迅速向錾子顶部击去。肘挥的锤击力较大,应用最广。

(3)臂挥(图10.8(c))。臂挥靠的是腕、肘和臂的联合动作,也就是挥锤时手腕和肘向后上方伸,并将臂伸开。臂挥的锤击力大,适用于要求锤击力大的錾削工作。

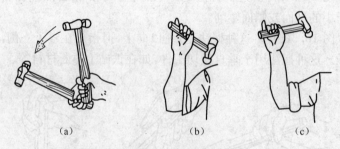

图10.8　挥锤方法
(a)腕挥;(b)肘挥;(c)臂挥。

4. 錾削时的步位和姿势

錾削时,操作者的步位和姿势应便于用力,操作者身体的重心偏于右腿,挥锤要自然,眼睛应正视錾刃而不是看錾子的头部,錾削时的步位和正确姿势如图10.9所示。

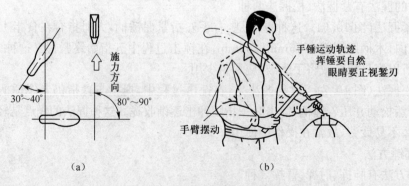

图10.9　錾削时的步位和姿势
(a)步位;(b)姿势。

5. 錾削时的主要角度对錾削的影响

在錾削过程中錾子需与錾削平面形成一定的角度(图 10.10)。

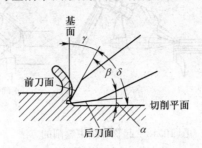

图 10.10 錾削时的角度

各角度主要作用如下:

(1)前角 γ(前刀面与基面之间的夹角)的作用是减少切屑变形并使錾削轻快,前角越大,切削越省力。

(2)后角 α(后刀面与切削平面之间的夹角)的作用是减少后刀面与已加工面间的摩擦,并使錾子容易切入工件。

(3)切削角 δ(前刀面与切削平面之间的夹角)的大小对錾削质量、錾削工作效率有很大关系。由 $\delta=\beta+\alpha$ 可知,δ 的大小由 β 和 α 确定,而楔角 β 是根据被加工材料的软、硬程度选定的,在工作中是不变的,所以切削角的大小取决于后角 α。后角过大,使錾子切入工件太深,錾削困难,甚至损坏錾子刃口和工件(图 10.11(a));后角太小,錾子容易从材料表面滑出,或切入很浅,效率不高(图 10.11(b)),所以,錾削时后角是关键角度,α 一般取 $5°\sim 8°$ 为宜。在錾削过程中,应掌握好錾子,以使后角保持稳定不变,否则工件表面将錾得高低不平。

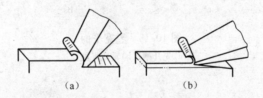

图 10.11 后角大小对錾削的影响
(a)后角太大;(b)后角太小。

6. 錾削要领

起錾时,錾子尽可能向右倾斜约 45°(图 10.12(a)),从工件尖角处向下倾斜 30°,轻打錾子,这样錾子便容易切入材料,然后按正常的錾削角度,逐步向中间錾削。

当錾削到距工件尽头约 10mm 时,应调转錾子来錾掉余下的部分(图 10.12(b)),这样,可以避免单向錾削到终了时边角崩裂,保证錾削质量,这在錾削脆性材料时尤其应该注意。

在錾削过程中每分钟锤击次数在 40 次左右。刃口不要总顶住工件,每錾两、三次后,可将錾子退回一些,这样既可观察錾削刃口的平整度,又可使手臂肌肉放松一下,效果较好。

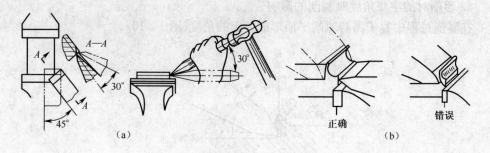

图 10.12 起錾和结束錾削的方法
(a)起錾方法;(b)结束錾削的方法。

10.1.3 錾削操作示例

1. 錾平面

较窄的平面可以用平錾进行,每次錾削厚度 0.5mm～2mm,对宽平面,应先用窄錾开槽,然后用平錾錾平(图 10.13)。

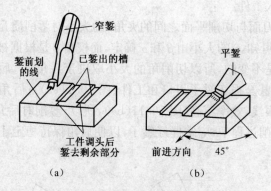

图 10.13 錾宽平面
(a)先开槽;(b)錾成平面。

2. 錾油槽

錾削油槽时,要选用与油槽宽度相同的油槽錾錾削(图 10.14),油槽必须錾得深浅均匀,表面光滑。在曲面上錾油槽时,錾子的倾斜角要灵活掌握,应随曲面而变动并保持錾削时后角不变,以使油槽的尺寸、深度和表面粗糙度达到要求,錾削后还需用刮刀裹以砂布修光。

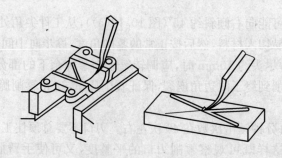

图 10.14 錾油槽

3. 錾断

錾断薄板(厚度 4mm 以下)和小直径棒料(ϕ13mm 以下)可在台虎钳上进行(图 10.15(a)),即用扁錾沿着钳口并斜对着板料约成 45°角自右向左錾削。对于较长或大型板料,如果不能在台虎钳上进行,可以在铁砧上錾断(图 10.15(b))。

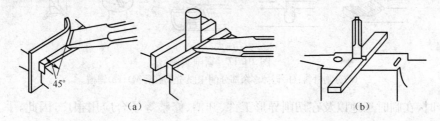

图 10.15 錾断
(a)錾薄板和小直径棒料;(b)较长或大型板料的錾断。

当錾断形状复杂的板料时,最好在工件轮廓周围钻出密集的排孔,然后再錾断。对于轮廓的圆弧部分,宜用狭錾錾断;对于轮廓的直线部分,宜用扁錾錾削(图 10.16)。

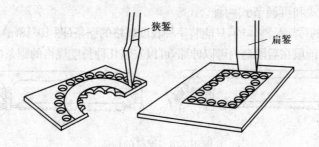

图 10.16 弯曲部分的錾断

10.1.4 錾削质量问题及分析产生的原因

錾削中常见的质量问题有 3 种。
(1)錾过了尺寸界线。
(2)錾崩了棱角或棱边。
(3)夹坏了工件的表面。
以上 3 种质量问题产生的主要原因是操作时不认真和操作技术还未充分掌握。

10.2 锯 削

锯削是用手锯对工件或材料进行分割的一种切削加工。锯削的工作范围包括:分割各种材料或半成品(图 10.17(a)),锯掉工件上多余部分(图 10.17(b)),在工件上锯槽(图 10.17(c))。

虽然当前各种自动化、机械化的切割设备已被广泛地采用,但是手锯切削还是常见,这是因为它具有方便、简单和灵活的特点,不需任何辅助设备,不消耗动力。在单件小批

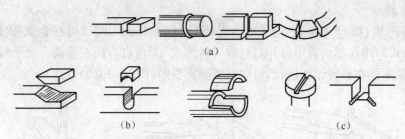

图 10.17 锯削实例
(a)分割材料;(b)锯掉多余部分(中图为先钻孔后锯);(c)锯槽。

量生产时,在临时工地以及在切削异形工件、开槽、修整等场合应用很广,因此,手工锯削也是钳工需要掌握的基本功之一。

10.2.1 手锯

手锯包括锯弓和锯条两部分。

1. 锯弓

锯弓分固定式和可调节式两种。

固定式锯弓的弓架是整体的,只能装一种长度规格的锯条(图 10.18(a));可调式锯弓的弓架分成前后两段,前段在后段套内可以伸缩,可以安装几种长度规格的锯条(图 10.18(b))。

图 10.18 锯弓的构造
(a)固定式;(b)可调式。

2. 锯条

锯条用工具钢制成,并经热处理淬硬。锯条规格以锯条两端安装孔间的距离表示,常用的手工锯条长 300mm、宽 12mm、厚 0.8mm。锯条的切削部分是由许多锯齿组成的,每一个齿相当于一把錾子,起切削作用。常用的锯条后角 α 为 $40°\sim45°$、楔角 β 为 $45°\sim50°$、前角 γ 约为 $0°$(图 10.19)。

制造锯条时,把锯齿按一定形状左右错开,排列成一定的形状,为锯路。锯路有交叉、波浪等不同排列形状(图 10.20),其作用是使锯缝宽度大于锯条背部的厚度,其目的是防止锯割时锯条卡在锯缝中,这样就可减少锯条与锯缝的摩擦阻力,并使排屑顺利,锯削省力,提高工作效率。

锯齿的粗细是按锯条上每 25mm 长度内的齿数来表示的,14 齿~18 齿为粗齿,24 齿为中齿,32 齿为细齿。

锯齿的粗细应根据加工材料的硬度、厚薄来选择。锯削软材料或厚材料时,因锯屑较多,要求有较大的容屑空间,应选用粗齿锯条。锯削硬材料或薄材料时,因材料硬,锯齿不易切入,锯屑量少,不需要大的容屑空间,而薄材料在锯削中锯齿易被工件勾住而崩裂,需要多齿同时工作(一般要有三个齿同时接触工件),使锯齿承受的力量减少,所以这两种情况应选用细齿锯条。一般中等硬度材料选用中齿锯条。

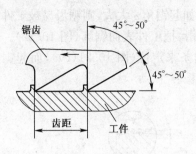

图 10.19 锯齿的形状

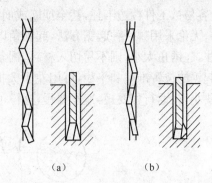

图 10.20 锯齿的排列形状
(a)交叉排列;(b)波浪排列。

10.2.2 锯削操作

1. 工件的夹持

工件尽可能夹持在台虎钳的左面,以方便操作;锯削线应与钳口垂直,以防锯斜;锯削线离钳口不应太远,以防锯削时产生颤抖。工件夹持应稳当、牢固,不可有抖动,以防锯削时工件移动而使锯条折断,同时也要防止夹坏已加工表面和夹紧力过大使工件变形。

2. 锯条的安装

手锯是在向前推时进行切削的,在向后返回时不起切削作用,因此安装锯条时要保证齿尖的方向朝前。锯条的松紧要适当,太紧失去了应有的弹性,锯条易崩断;太松会使锯条扭曲,锯缝歪斜,锯条也容易折断。

3. 起锯(图 10.21)

起锯是锯削工作的开始,起锯的好坏直接影响锯削质量,起锯的方式有远边起锯和近边起锯两种。

一般情况下采用远边起锯(图 10.21(a)),因为此时锯齿是逐步切入材料,不易被卡住,起锯比较方便;如采用近边起锯(图 10.21(b)),掌握不好时,锯齿由于突然锯入且较

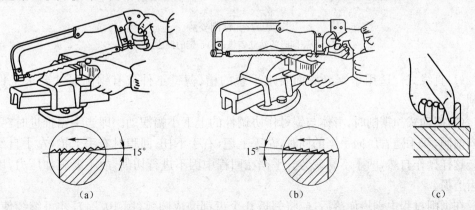

图 10.21 起锯的方法
(a)远边起锯(俯倾 15°);(b)近边起锯(仰角 15°);(c)用拇指引导起锯。

深,容易被工件棱边卡住,甚至崩断或崩齿。

无论采用哪一种起锯方法,起锯角以15°为宜,如起锯角α太大,则锯齿易被工件棱边卡住,起锯角太小,则不易切入材料,锯条还可能打滑,把工件表面锯坏(图10.22)。为了使起锯的位置准确和平稳,可用左手大拇指挡住锯条来定位(图10.21(c)),而起锯时压力要小,往返行程要短,速度要慢,这样可使起锯平稳。

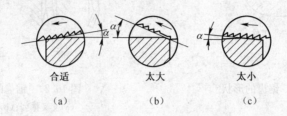

图10.22 起锯角大小

4. 锯削的姿势

锯削时的站立姿势如图10.23(a)所示,左腿跨前半步,两腿自然站立,人体重量均分在两腿上,右手握稳锯柄,左手扶在锯弓前端,锯削时推力和压力主要由右手控制(图10.23(b))。推锯时,锯弓运动方式有两种,速度约为40次/min。

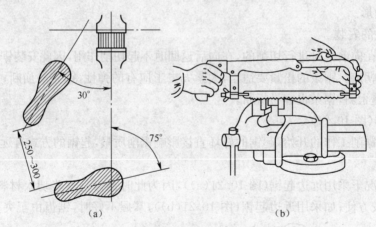

图10.23 锯削姿势
(a)锯削时的站立姿势;(b)手锯的握法。

(1)直线式。适用于锯缝底面要求平直的槽、薄壁工件或有锯削尺寸要求工件的锯削。

(2)摆动式。锯削时,身体与锯弓作协调性的上下小幅摆动。即当手锯推进时,身体略向前倾,双手随着压向手锯的同时,左手上翘,右手下托;回程时右手上抬,左手自然跟回。这样操作自然,两手不易疲劳。手锯在回程中因不进行切削,故不要施加压力,以免锯齿磨损。

在锯削过程中锯齿崩落后,应将邻近几个齿都磨成圆弧(图10.24),才可继续使用,否则会连续崩齿直至锯条报废。

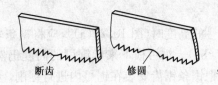

图 10.24 崩齿修磨

10.2.3 锯削操作示例

1. 棒料锯削

锯削断面要求平整的,应从起锯开始连续锯到结束。若锯削断面要求不高时,可将棒料转过一定角度再锯,则由于锯削面变小而易锯入,可提高工作效率。

2. 圆管锯削

锯薄壁管子时应用 V 形木垫夹挂,以防夹扁和夹坏管表面(图 10.25(a))。

锯削时不能从一个方向锯到底(图 10.25(c))时,其原因是锯齿锯穿管子内壁后,锯齿即在薄壁上切削,受力集中,很容易被管壁勾住而折断。正确方法是:多次变换方向锯削,每一个方向只能锯到管子的内壁处,随即把管子转过一个角度,一次一次地变换,逐次锯切直至锯断为止(图 10.25(b))。

在变换方向时应使已锯部分向锯条推进方向转动,不要反转,否则锯齿也会被管壁勾住。

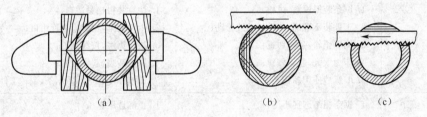

图 10.25 圆管的夹持和锯削
(a)圆管的夹持;(b)转位锯削;(c)不正确的锯削。

3. 薄板锯削

锯削薄板时应尽可能从宽面锯下去,如果只能在板料的窄面锯下去时,可将薄板夹在两木板之间一起锯削(图 10.26(a)),这样可避免锯齿勾住,同时还可增加板的刚性。当板料太宽,不便台虎钳装夹时,应采用横向斜推锯削(图 10.26(b))。

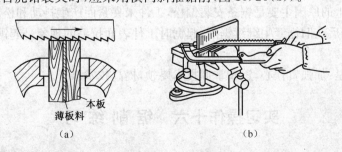

图 10.26 薄板锯削
(a)用木板夹持;(b)横向斜推锯削。

4. 深缝锯削

当锯缝的深度超过锯弓的高度时(图 10.27(a)),应将锯条转过 90°。重新安装,把锯弓转到工件旁边(图 10.27(b))。锯弓横下来后锯弓的高度仍然不够时,也可按图 10.27(c)所示将锯条转过 180°,把锯条锯齿安装在锯弓内进行锯削。

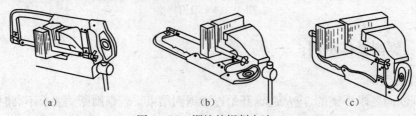

图 10.27 深缝的锯削方法
(a)锯缝深度超过锯弓高度;(b)将锯条转过 90°安装;(c)将锯条转过 180°安装。

10.2.4 锯条损坏、锯削质量问题及分析产生原因、预防方法

1. 锯条损坏原因及预防办法

锯条损坏形式主要有锯条折断、锯齿崩裂、锯齿过早磨钝,其产生的原因及预防方法见表 10.1。

表 10.1 锯条损坏原因及预防方法

锯条损坏形式	原 因	预 防 方 法
锯条折断	1. 锯条装得过紧、过松; 2. 工件装不准确,产生抖动或松动; 3. 锯缝歪斜,强行纠正; 4. 压力太大,起锯较猛; 5. 旧锯缝使用新锯条	1. 注意装得松紧适当; 2. 工件夹牢,锯缝应靠近钳口; 3. 扶正锯弓,按线锯削; 4. 压力适当,起锯较慢; 5. 调换厚度合适的新锯条,调转工件再锯
锯齿崩裂	1. 锯条粗细选择不当; 2. 起锯角度和方向不对; 3. 突然碰到砂眼、杂质	1. 正确选用锯条; 2. 选用正确的起锯方向及角度; 3. 碰到砂眼时应减小压力
锯齿很快磨钝	1. 锯削速度太快; 2. 锯削时未加冷却液	1. 锯削速度适当减慢; 2. 可选用冷却液

2. 锯削质量问题产生的原因和预防方法

锯削时产生废品的种类有:工件尺寸被锯小,锯缝歪斜超差,起锯时工件表面拉毛。前两种废品产生的原因主要是锯条安装偏松,工件未夹紧而产生抖动和松动,推锯压力过大,换用新锯条后在旧锯缝中继续锯削;起锯时工件表面拉毛的现象是起锯不当和速度太快造成的。

预防方法是:加强责任心,逐步掌握技术要领,提高技术水平。

实习操作十六 锯削练习

操作要点

初学锯削,对锯削速度不易掌握,往往推拉速度过快,这样容易使锯条很快磨钝,一般

以20次/min～40次/min为宜。锯削软材料可快些,锯削硬材料应慢些,如果速度过快锯条发热严重,容易磨损,同时,锯硬材料的压力应比锯软材料时大些。锯削行程应保持均匀,回程时因不进行切削,故可稍微提起锯弓,使锯齿在锯削面上轻轻滑过,速度可相对快些。在推锯时应使锯条的全部长度都利用到,若只集中使用局部长度,则锯条的使用寿命将相应缩短,工作效率降低,因此一般往复长度(即投入切削长度)不应少于锯条全长的2/3。锯条安装松紧要适当,太松易发生扭曲而折断,且锯缝也容易歪斜,而太紧易发生弯曲,容易崩断。装好的锯条应与锯弓保持在同一中心面内,这样容易使锯缝正直。

锯削操作时的注意事项:

(1)锯条要装得松紧适当,锯削时不要突然用力过猛,以防止工作中锯条折断从锯弓上崩出伤人。

(2)工件夹持要牢固,以免工件走动、锯缝歪斜、锯条折断。

(3)要经常注意锯缝的平直情况,如发现歪斜应及时纠正。歪斜过多则纠正困难,使锯削的质量难于保证。

(4)工件将锯断时施加的压力要小,应避免压力过大使工件突然断开,手向前冲造成事故。一般工件在将锯断时要用左手扶住工件断开部分,以免落下伤脚。

(5)在锯削钢件时,可加些机油,以减少锯条与工件的摩擦,提高锯条的使用寿命。

10.3 锉 削

用锉刀对工件表面进行切削,使它达到零件图所要求的形状、尺寸和表面粗糙度,这种加工方法称为锉削。

锉削加工简便,工作范围广,多用于锯削之后,锉削可对工件上的平面、曲面、内外圆弧、沟槽以及其他复杂表面进行加工,其最高加工精度可达 IT8 级～IT7 级,表面粗糙度可达 $Ra=0.8\mu m$。锉削可用于成形样板、模具型腔以及部件、机器装配时的工件修整,是钳工主要操作方法之一。

10.3.1 锉刀

1. 锉刀的材料与组成

(1)材料。锉刀是锉削的主要工具,常用碳素工具钢 T12、T13 制成,并经热处理淬硬至 62HRC～67HRC。

(2)组成。锉刀由锉刀面、锉刀边、锉刀舌、锉刀尾、木柄等部分组成,如图 10.28 所示。

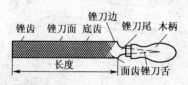

图 10.28 锉刀各部分的名称

2. 锉刀的种类和选用

(1)锉刀的种类。按用途锉刀可分为钳工锉、特种锉和整形锉 3 类。

①钳工锉(图10.29)。按其截面形状,可分为平锉、方锉、圆锉、半圆锉和三角锉5种;按其长度可分100mm、150mm、200mm、250mm、300mm、350mm及400mm等7种;按其齿纹可分单齿纹、双齿纹;按其齿纹粗细可分为粗齿、中齿、细齿、粗油光(双细齿)、细油光5种。

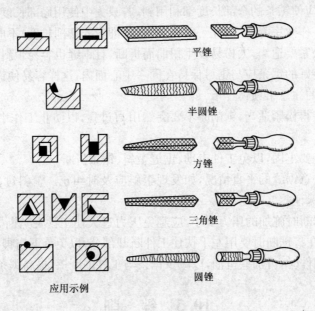

图10.29 钳工锉

②整形锉(图10.30)。主要用于精细加工及修整工件上难以机加工的细小部位,由若干把各种截面形状的锉刀组成一套。

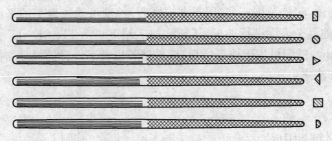

图10.30 整形锉

③特种锉(图10.31)。可用于加工零件上的特殊表面,它有直的、弯曲的两种,其截面形状很多。

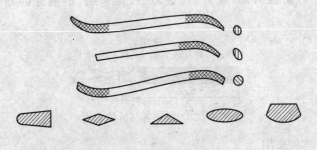

图10.31 特种锉及截面形状

(2)锉刀的选用。合理选用锉刀对保证加工质量、提高工作效率和延长锉刀寿命有很大的影响。

锉刀的一般选择原则是:根据工件表面形状和加工面的大小选择锉刀的断面形状和规格,根据材料软硬、加工余量、精度和粗糙度的要求选择锉刀齿纹的粗细。

粗齿锉刀由于齿距较大、不易堵塞,一般用于锉削铜、铝等软金属及加工余量大、精度低和表面粗糙工件的粗加工;中齿锉刀齿距适中,适于粗锉后的加工;细齿锉刀可用于锉削钢、铸铁(较硬材料)以及加工余量小、精度要求高和表面粗糙度值低的工件;油光锉用于最后修光工件表面。

10.3.2 锉削操作

1. 锉刀的握法

正确握持锉刀有助于提高锉削质量,可根据锉刀大小和形状的不同,采用相应的握法。

(1)大锉刀的握法。右手心抵着锉刀木柄的端头,大拇指放在锉刀木柄的上面,其余四指弯在下面,配合大拇指捏住锉刀木柄;左手则根据锉刀大小和用力的轻重,可选择多种姿势(图 10.32)。

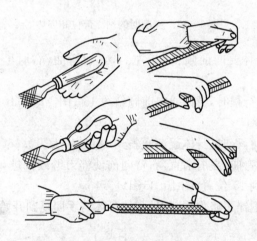

图 10.32 大锉刀的握法

(2)中锉刀的握法。该握法的右手握法与大锉刀握法相同,而左手则需用大拇指和食指捏住锉刀前端(图 10.33(a))。

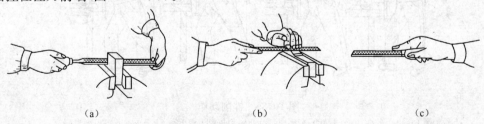

(a) (b) (c)

图 10.33 中小锉刀的握法
(a)中锉刀的握法;(b)小锉刀的握法;(c)硬小锉刀的握法。

(3)小锉刀的握法。右手食指伸直,拇指放在锉刀木柄上面,食指靠在锉刀的刀边,左手几个手指压在锉刀中部(图10.33(b))。

(4)更小锉刀(整形锉)的握法。该握法一般只用右手拿着锉刀,食指放在锉刀上面,拇指放在锉刀的左侧(图10.33(c))。

2. 锉削的姿势

正确的锉削姿势,能够减轻疲劳,提高锉削质量和效率。

站立时要自然,左腿弯曲,右腿伸直,身体向前倾斜,重心落在左腿上(图10.34)。锉削时,两脚站稳不动,靠左膝的屈伸使身体作往复运动,手臂和身体的运动要互相配合,并要使锉刀的全长充分利用。

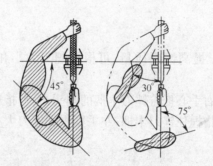

图10.34 锉削时的站立部位和姿势

(1)开始锉削时身体要向前倾斜10°左右,左肘弯曲,右肘尽量向后收缩(图10.35(a))。

(2)锉刀推出1/3行程时,身体要向前倾斜约15°(图10.35(b)),这时左腿稍弯曲,左肘稍直,右臂向前推。

(3)锉刀推到2/3行程时,身体逐渐倾斜到18°左右(图10.35(c))。

(4)最后左腿继续弯曲,左肘渐直,右臂向前使锉刀继续推进,直到推尽,身体随着锉刀的反作用方向退回到15°位置(图10.35(d))。

(5)行程结束后,把锉刀略为抬起退回,使身体与手回复到开始时的姿势,如此反复。

图10.35 锉削动作

(a)开始锉削时;(b)锉刀推出1/3行程时;(c)锉刀推到2/3行程时;(d)锉刀行程推尽时。

3. 锉削力和速度

(1)锉削力的运用。要锉出平直的平面,必须保证锉刀保持平直的锉削运动。

锉削时锉刀的平直运动是完成挫削的关键步骤。锉削的力量有水平推力和垂直压力两种,推力主要由右手控制,其大小必须大于切削阻力才能锉去切屑,压力是由两手控制的,其作用是使锉齿深入金属表面。

由于锉刀两端伸出工件的长度随时都在变化,因此两手压力大小也必须随之变化,即两手压力对工件中心的力矩应相等,这是保证锉刀平直运动的关键。保证锉刀平直运动的方法是:随着锉刀的推进,左手压力应由大而逐渐减小,右手的压力则由小而逐渐增大,到中间时两手压力相等;回程时不加压力,以减少锉齿的磨损(图10.36)。

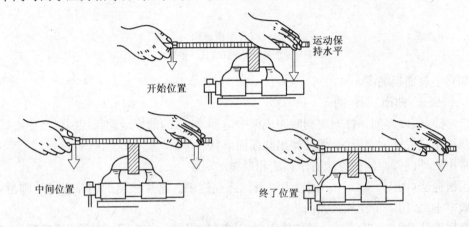

图 10.36　锉削时施力的变化

只有掌握了锉削平面的技术要领,才能使锉刀在工件的任意位置时,锉刀两端压力对工件中心的力矩保持平衡,否则,锉刀就不会平衡,工件中间将会产生凸面或鼓形面。

锉削时,因为锉齿存屑空间有限,对锉刀的总压力不能太大。压力太大只能使锉刀磨损加快,但压力也不能过小,压力过小锉刀打滑,则达不到切削目的,一般来说在锉刀向前推进时手上有一种韧性感觉即为适宜。

(2)锉削速度。一般为 30 次/min～60 次/min,推出时稍慢,回程时稍快,动作要自然协调。太快,操作者容易疲劳且锉齿易磨钝;太慢,切削效率低。

10.3.3　锉削方法

1. 平面锉削

平面锉削是最基本的锉削,常用的方法有 3 种。

(1)顺向锉法(图 10.37(a))。这是最普遍的锉削方法,面积不大的平面和最后锉光大都采用这种方法。这种方法适用于工件锉光、锉平或锉顺锉纹。

锉刀始终沿着工件表面横向或纵向移动,顺向锉削平面可得到整齐一致的锉痕,比较美观,精锉时常常采用。

(2)交叉锉法(图 10.37(b))。该方法是以交叉的两方向顺序对工件进行锉削。

由于锉痕是交叉的,容易判断锉削表面的不平程度,因而也容易把表面锉平。交叉锉法锉刀与工件接触面积大,锉刀容易掌握平稳,去屑较快,适用于平面的粗锉。

(3)推锉法(图 10.37(c))。两手对称地握住锉刀,用两大拇指推锉刀进行锉削。

这种方法锉削效率低,适用于对表面较窄且已经锉平、加工余量很小的工件进行修正

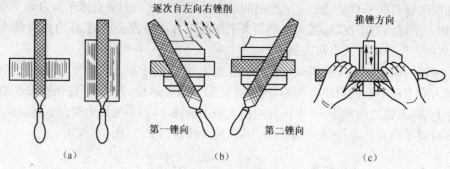

图 10.37 平面锉削
(a)顺向锉法；(b)交叉锉法；(c)推锉法。

尺寸和减小表面粗糙度。

2. 圆弧面(曲面)的锉削

(1)外圆弧面锉削。锉刀要同时完成两个运动：锉刀的前推运动和绕圆弧面中心的转动。前推是完成锉削，转动是保证锉出圆弧面形状。

常用的外圆弧面锉削方法有滚锉法和横锉法两种。

①滚锉法(图 10.38(a))。使锉刀顺着圆弧面锉削。这样锉出的圆弧面光洁圆滑，但锉削效率不高，用于精锉外圆弧面。

②横锉法(图 10.38(b))。是使锉刀对着圆弧面沿图示方向直线推进，能较好地锉成接近圆弧但多棱的形状，最后需精锉修光。用于粗锉外圆弧面或不能用滚锉法加工的情况。

(2)内圆弧面锉削(图 10.39)。采用圆锉、半圆锉。

锉削时锉刀要同时完成 3 个运动：锉刀的前推运动、锉刀顺着圆弧面的左右移动和绕锉刀中心线的转动，如缺少任一项运动都将锉不好内圆弧面。

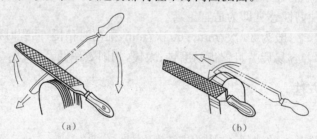

图 10.38 外圆弧面锉削
(a)滚锉法；(b)横锉法。

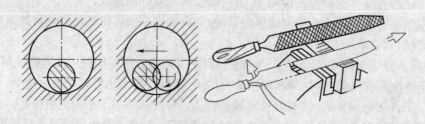

图 10.39 内圆弧面锉削

3. 通孔的锉削

根据通孔的形状、工件材料、加工余量、加工精度和表面粗糙度来选择所需的锉刀进行通孔的锉削,通孔的锉削方法如图10.40所示。

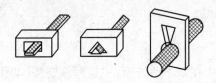

图 10.40　通孔的锉削

10.3.4　锉削质量与质量检查

1. 锉削质量问题与造成原因

(1)平面出现凸、塌边和塌角。操作不熟练,锉削力运用不当或锉刀选用不当。

(2)形状、尺寸不准确。划线错误或锉削过程中没有及时检查工件尺寸。

(3)表面较粗糙。锉刀粗细选择不当或锉屑卡在锉齿间。

(4)锉掉了不该锉的部分。锉削时锉刀打滑,或者是没有注意带锉齿工作边和不带锉齿的光边。

(5)工件夹坏。工件在台虎钳上装夹不当。

2. 锉削质量检查

(1)检查直线度。用钢直尺和90°角尺以透光法来检查工件的直线度(图10.41(a))。

(2)检查垂直度。用90°角尺采用透光法检查,其方法是:先选择基准面,然后对其他各面进行检查(图10.41(b))。

(3)检查尺寸。检查尺寸是指用游标卡尺在工件全长不同的位置上进行数次测量。

(4)检查表面粗糙度。检查表面粗糙度一般用眼睛观察即可,如要求准确,可用表面粗糙度样板对照进行检查。

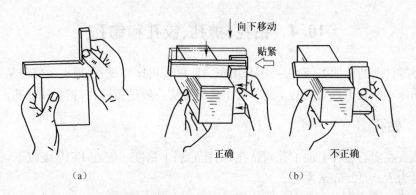

图 10.41　用90°角尺检查直线度和垂直度
(a)检查直线度;(b)检查垂直度。

实习操作十七 锉 削 练 习

(1)练习平面锉削。
(2)练习圆弧面锉削。
(3)练习通孔锉削。

操作要点

操作时要把注意力集中在以下两方面:一是操作姿势、动作要正确;二是两手用力的方向、大小变化要正确、熟练。在操作时还要经常检查加工面的平面度和直线度情况,并以此来判断和改进锉削时的施力变化,逐步掌握平面锉削的技能。

锉削操作时应注意如下事项:

(1)不准使用无柄锉刀锉削,以免被锉舌戳伤手。
(2)不准用嘴吹锉屑,以防锉屑飞入眼睛。
(3)锉削时,锉刀柄不要碰撞工件,以免锉刀柄脱落伤人。
(4)放置锉刀时不要把锉刀伸出到钳台外面,以防锉刀掉落砸伤操作者。
(5)锉削时不可用手摸被锉过的工件表面,因手有油污会使再次锉削时锉刀打滑而造成事故。
(6)锉刀齿面塞积切屑后,应使用钢丝刷顺着锉纹方向刷去锉屑。

教师演示 锉削六角体(图10.42)

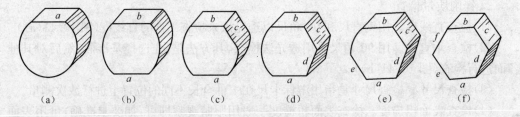

图 10.42 六角体锉削加工步骤
(a)锉基准面 a;(b)锉基准面的对面 b;(c)锉削 c 面;(d)锉削 d 面;(e)锉削 e 面;(f)锉削 f 面。

10.4 钻孔、扩孔、铰孔和锪孔

各种零件上的孔加工,除去一部分由车、镗、铣等机床完成外,很大一部分是由钳工利用各种钻床和钻孔工具完成的。钳工加工孔的方法一般是指钻孔、扩孔和铰孔。

10.4.1 钻孔

用钻头在实心工件上加工孔叫钻孔,钻孔的加工精度一般在IT10级以下,钻孔的表面粗糙度为 $Ra=12.5\mu m$ 左右。

一般情况下,孔加工刀具(钻头)应同时完成两个运动(图10.43):1是主运动,即刀具绕轴线的旋转运动(切削运动);2是进给运动,即刀具沿着轴线方向对着工件的直线运动。

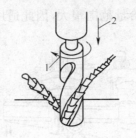

图 10.43　钻孔时钻头的运动

1. 钻床

常用的钻床有台式钻床、立式钻床、摇臂钻床 3 种,手电钻也是常用的钻孔工具。

(1)台式钻床(图 10.44)。台式钻床简称台钻,是一种放在工作台上使用的小型钻床。

台钻重量轻,移动方便,转速高(最低转速在 400r/min 以上),适于加工小型零件上直径≤13mm 的小孔,其主轴进给是手动的。

(2)立式钻床(图 10.45)。立式钻床简称立钻,其规格用最大钻孔直径表示。常用的立钻规格有 25mm、35mm、40mm 和 50mm 等几种。

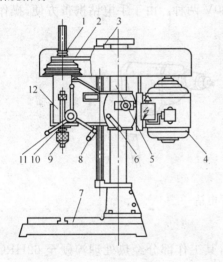

图 10.44　台式钻床

1—塔轮;2—V 带;3—丝杠架;4—电动机;5—立柱;
6—锁紧手柄;7—工作台;8—升降手柄;9—钻夹头;
10—主轴;11—进给手柄;12—头架。

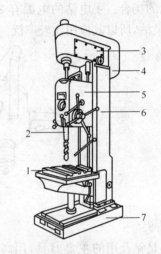

图 10.45　立式钻床

1—工作台;2—主轴;3—主轴变速箱;
4—电动机;5—进给箱;6—立柱;7—机座。

立钻与台钻相比,立钻刚性好,功率大,因而允许采用较高的切削用量,生产效率较高,加工精度也较高。立钻主轴的转速和走刀量变化范围大,而且可以自动走刀,因此可适应不同的刀具进行钻孔、扩孔、锪孔、铰孔、攻螺纹等多种加工。立钻适用于单件、小批量生产中的中、小型零件的加工。

(3)摇臂钻床(图 10.46)。这类钻床机构完善,它有一个能绕立柱旋转的摇臂,摇臂带动主轴箱可沿立柱垂直移动,同时主轴箱还能在摇臂上作横向移动。由于结构上的这些特点,操作时能很方便地调整刀具位置以对准被加工孔的中心,而无需移动工件来进行加工。此外,主轴转速范围和进给量范围很大,因此适用于笨重、大工件及多孔工件的加工。

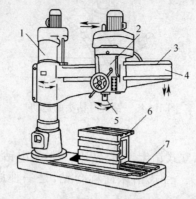

图 10.46 摇臂钻床
1—立柱;2—主轴箱;3—摇臂导轨;4—摇臂;
5—主轴;6—工作台;7—机座。

(4)手电钻(图 10.47)。手电钻主要用于钻直径 12mm 以下的孔,其常用于不便使用钻床钻孔的场合。手电钻的电源有 220V 和 380V 两种。由于手电钻携带方便,操作简单,使用灵活,所以其应用比较广泛。

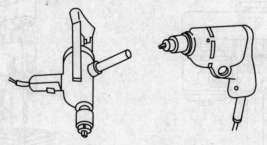

图 10.47 手电钻

2. 钻头

钻头是钻孔用的主要刀具,用高速钢制造,其工作部分经热处理淬硬至 62HRC～65HRC。钻头由柄部、颈部及工作部分组成(图 10.48)。

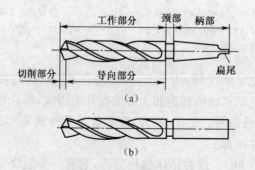

图 10.48 麻花钻头的构造
(a)锥柄;(b)直柄。

(1)柄部。柄部是钻头的夹持部分,起传递动力的作用,有直柄和锥柄两种。直柄传递扭矩力较小,一般用于直径小于 12mm 的钻头;锥柄可传递较大转矩,用于直径大于 12mm 的钻头。锥柄顶部是扁尾,起传递转矩作用。

(2)颈部。颈部是在制造钻头时起砂轮磨削退刀作用的,钻头直径、材料、厂标一般也刻在颈部。

(3)工作部分。工作部分包括导向部分与切削部分。

导向部分有两条狭长的、螺旋形的、高出齿背 0.5mm~1mm 的棱边(刃带),其直径前大后小,略有倒锥度,这可以减少钻头与孔壁间的摩擦,而两条对称的螺旋槽,可用来排除切屑并输送切削液,同时整个导向部分也是切削部分的后备部分。切削部分(图10.49)有 3 条切削刃(刀刃):前刀面和后刀面相交形成前刀面两条主切削刃,担负主要切削作用;两后刀面相交形成的两条棱刃(副切削刃),起修光孔壁的作用;修磨横刃是为了减小钻削轴向力和挤刮现象并提高钻头的定心能力和切削稳定性。

切削部分的几何角度主要有前角 γ、后角 α、顶角 2φ、螺旋角 ω 和横刃斜角 φ,其中顶角 2φ 是两个主切削刃之间的夹角,一般取 $118°\pm2°$。

3. 钻孔用的夹具

夹具主要包括钻头夹具和工件夹具两种。

(1)钻头夹具(图 10.50)。常用的钻头夹具有钻夹头和钻套。

①钻夹头。钻夹头适用于装夹直柄钻头,其柄部是圆锥面可以与钻床主轴内锥孔配合安装,而在其头部的 3 个夹爪有同时张开或合拢的功能,这使钻头的装夹与拆卸都很方便。

②钻套。钻套又称过渡套筒,用于装夹锥柄钻头。由于锥柄钻头柄部的锥度与钻床主轴内锥孔的锥度不一致,为使其配合安装,故把钻套作为锥体过渡件。锥套的一端为锥孔可内接钻头锥柄,其另一端的外锥面接钻床主轴的内锥孔。钻套依其内外锥锥度的不同分为 5 个型号(1~5),例如,2 号钻套其内锥孔为 2 号莫氏锥度,外锥面为 3 号莫氏锥度,使用时可根据钻头锥柄和钻床主轴内锥孔锥度来选用。

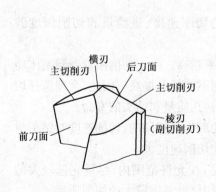

图 10.49 麻花钻的切削部分

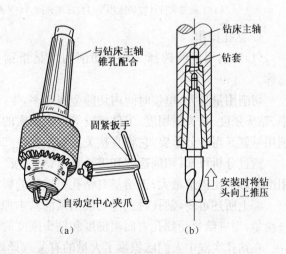

图 10.50 钻夹头及钻套
(a)钻夹头;(b)钻套。

(2)工件夹具。加工工件时,应根据钻孔直径和工件形状来合理使用工件夹具。装夹工件要牢固可靠,但又不能将工件夹得过紧而损伤工件或使工件变形影响钻孔质量。常用的夹具有手虎钳、机床用平口虎钳、V形架和压板等。

①对于薄壁工件和小工件,常用手虎钳夹持(图10.51(a))。

②机床用平口虎钳用于中小型平整工件的夹持(图10.51(b))。

③对于轴或套筒类工件可用V形架夹持(图10.51(c)),并和压板配合使用。

④对不适于用虎钳夹紧的工件或要钻大直径孔的工件,可用压板、螺栓直接固定在钻床工作台上(图10.51(d))。

⑤在成批和大量生产中广泛应用钻模夹具,这种方法可提高生产率。例如应用钻模钻孔时,可免去划线工作,提高生产效率,钻孔精度可提高一级,粗糙度也有所减小。

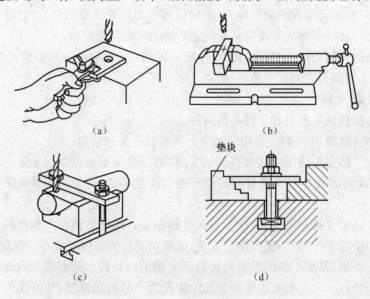

图10.51 工件夹持方法

(a)手虎钳夹持;(b)机床用平口台虎钳夹持;(c)V形架夹持;(d)压板螺栓夹持。

4. 钻孔操作

(1)切削用量的选择。钻孔切削用量是指钻头的切削速度、进给量和切削深度的总称。

切削用量越大,单位时间内切除金属越多,生产效率越高。由于切削用量受到钻床功率、钻头强度、钻头耐用度、工件精度等许多因素的限制不能任意提高。因此,合理选择切削用量就显得十分重要,它将直接关系到钻孔生产率、钻孔质量和钻头的寿命。

通过分析可知:切削速度和进给量对钻孔生产率的影响是相同的;切削速度对钻头耐用度的影响比进给量大;进给量对钻孔粗糙度的影响比切削速度大。

综上所述可知,钻孔时选择切削用量的基本原则是:在允许范围内,尽量先选较大的进给量,当进给量受到孔表面粗糙度和钻头刚度的限制时,再考虑较大的切削速度。

在钻孔实践中人们已积累了大量的有关选择切削用量的经验,并经过科学总结制成了切削用量表,在钻孔时可参考使用。

(2)操作方法。操作方法的正确与否,将直接影响钻孔的质量和操作安全。

①按划线位置钻孔。工件上的孔径圆和检查圆均需打上样冲眼作为加工界线,中心眼应打大一些。钻孔时先用钻头在孔的中心锪一小窝(约占孔径的1/4右),检查小窝与所划圆是否同心。如稍偏离,可用样冲将中心冲大矫正或移动工件借正;若偏离较多,可用窄錾在偏斜相反方向凿几条槽再钻,便可逐渐将偏斜部分矫正过来,如图10.52所示。

②钻通孔。在孔将被钻透时,进给量要减小,可将自动进给变为手动进给,以避免钻头在钻穿的瞬间抖动,出现"啃刀"现象,影响加工质量,损坏钻头,甚至发生事故。

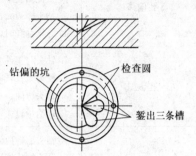

图10.52 钻偏时的纠正方法

③钻盲孔(不通孔)。钻盲孔时,要注意掌握钻孔深度,以免将孔钻深出现质量事故。控制钻孔深度的方法有调整好钻床上深度标尺挡块、安置控制长度量具或用粉笔作标记。

④钻深孔。当孔深超过孔径3倍时,即为深孔。钻深孔时要经常退出钻头及时排屑和冷却,否则容易造成切屑堵塞或钻头切削部分过热导致磨损甚至折断,影响孔的加工质量。

⑤钻大孔。直径(D)超过30mm的孔应分两次钻,即第一次用$0.5D\sim0.7D$的钻头先钻,然后再用所需直径的钻头将孔扩大到要求的直径。分两次钻削,既有利于钻头的使用(负荷分担),也有利于提高钻孔质量。

⑥钻小孔。钻直径(D)在1mm以下的小孔时,切削速度可选用2000r/min~3000r/min以上,进给力小且平稳,不宜过大过快,防止钻头弯曲和滑移。应经常退出钻头排屑,并加注切削液。

⑦在斜面上钻孔。可采用中心钻先钻底孔,或用铣刀在钻孔处铣削出小平面,或用钻套导向等方法进行。

⑧钻削时的冷却润滑。钻削钢件时,为降低表面粗糙度一般使用机油作切削液,但为提高生产效率则更多地使用乳化液;钻削铝件时,多用乳化液、煤油;钻削铸铁件则用煤油。

(3)钻孔质量问题及原因。由于钻头刃磨得不好、切削用量选择不当、切削液使用不当、工件装夹不善等原因,会使钻出的孔径偏大,孔壁粗糙,孔的轴线有偏移或歪斜,甚至使钻头折断。表10.2列出了钻孔时可能出现的质量问题及产生的原因。

表10.2 钻孔时可能出现的质量问题及产生原因

问题类型	产 生 原 因
孔径偏大	1. 钻头两主切削刃长度不等,顶角不对称; 2. 钻头摆动
孔壁粗糙	1. 钻头不锋利; 2. 后角太大; 3. 进给量太大; 4. 切削液选择不当,或切削液供给不足

(续)

问题类型	产生原因
孔偏移	1. 工件划线不正确; 2. 工件安装不当或夹紧不牢固; 3. 钻头横刃太长,对不准样冲眼; 4. 开始钻孔时,孔钻偏而没有借正
孔歪斜	1. 钻头与工件表面不垂直,钻床主轴与台面不垂直; 2. 横刃太长,轴向力太大,钻头变形; 3. 钻头弯曲; 4. 进给量过大,致使小直径外头弯曲
钻头工作部分折断	1. 钻头磨钝后仍继续钻孔; 2. 钻头螺旋槽被切屑堵塞,没有及时排屑; 3. 孔快钻通时,没有减少进给量; 4. 在钻黄铜一类的软金属时,钻头后角太大,前角又没修磨,钻头自动旋进
切削刃迅速磨损或碎裂	1. 切削速度太高,切削液选用不当和切削液供给不足; 2. 没有按工件材料刃磨钻头角度(如后角过大); 3. 工件材料内部硬度不均匀,有砂眼; 4. 进给量太大
工件装夹表面轧毛或损坏	1. 在用作夹持的工件已加工表面上没有衬垫铜皮或铝皮; 2. 夹紧力太大

10.4.2 扩孔、铰孔和锪孔

1. 扩孔

扩孔用以扩大已加工出的孔(铸出、锻出或钻出的孔)。它可以校正孔的轴线偏差,并使其获得较正确的几何形状和较小的表面粗糙度,其加工精度一般为IT10级~IT9级,表面粗糙度$Ra=6.3\mu m\sim3.2\mu m$。扩孔可作为要求不高的孔的最终加工,也可作为精加工(如铰孔)前的预加工,扩孔加工余量为0.5mm~4mm。

(1)一般用麻花钻作扩孔钻。扩孔前的钻削直径为孔径的0.5倍~0.7倍,扩孔的切削速度约为钻孔1/2,进给量为钻孔的1.5倍~2倍。

(2)在扩孔精度要求较高或生产批量较大时,还采用专用扩孔钻扩孔。

扩孔钻和麻花钻相似,所不同的是它有3条~4条切削刃,但无横刃,其顶端是平的,螺旋槽较浅,故钻芯粗实,刚性好,不易变形,导向性能好。由于扩孔钻切削平稳,可提高扩孔后的孔的加工质量,图10.53所示为扩孔钻及用扩孔钻扩孔时的情形。

2. 铰孔

铰孔是用铰刀从工件壁上切除微量金属层,以提高其尺寸精度和表面质量的加工方法,铰孔的加工精度可高达IT7级~IT6级,铰孔的表面粗糙度$Ra=0.8\mu m\sim0.4\mu m$。

铰刀是多刃切削刀具,有6个~12个切削刃,铰孔时其导向性好。由于刀齿的齿槽很浅,铰刀的横截面大,因此铰刀的刚性好。铰刀按使用方法分为手用和机用两种,按所铰孔的形状分为圆柱形和圆锥形两种(图10.54)。

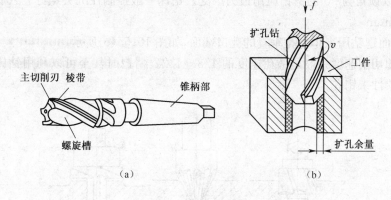

图 10.53 扩孔钻与扩孔
(a)扩孔钻;(b)扩孔。

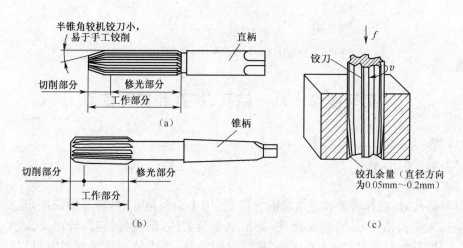

图 10.54 铰刀和铰孔
(a)圆柱形手铰刀;(b)圆柱形机铰刀;(c)铰孔。

铰孔因余量很小,而且切削刃的前角 $\gamma=0°$,所以铰削实际上是修刮过程。特别是手工铰孔时,由于切削速度很低,不会受到切削热和振动的影响,故铰孔是对孔进行精加工的一种方法。铰孔时铰刀不能倒转,否则,切屑会卡在孔壁和切削刃之间,从而使孔壁划伤或切削刃崩裂。铰削时如采用切削液,孔壁表面粗糙度将更小。

钳工常遇到的锥销孔铰削,一般采用相应孔径的圆锥手用铰刀进行。

3. 锪孔

锪孔是用锪钻对工件上的已有孔进行孔口形面的加工,其目的是为保证孔端面与孔中心线的垂直度,以便使与孔连接的零件位置正确,连接可靠。常用的锪孔工具有柱形锪钻(锪柱孔),锥形锪钻(锪锥孔)和端面锪钻(锪端面)3种(图 10.55)。

(1)圆柱形埋头锪钻的端刃起切削作用,其周刃作为副切削刃起修光作用(图 10.55(a))。为保证原有孔与埋头孔同心,锪钻前端带有导柱与已有孔配合使用起定心作用。导柱和锪钻本体可制成整体也可分开制造,然后装配成一体。

(2)锥形锪钻用来锪圆锥形沉头孔(图 10.55(b))。锪钻顶角有 60°、75°、90°和 120°等

4种，其中以顶角为90°的锪钻应用最为广泛。锪深一般控制在沉头螺钉装入后低于工件表面约0.5mm。

(3)端面锪钻用来锪与孔垂直的孔口端面，如图10.55(c)所示。

锪孔的切削速度一般是钻孔速度的1/3～1/2。精锪时甚至可以利用钻床停止时主轴的运动惯性来锪孔。

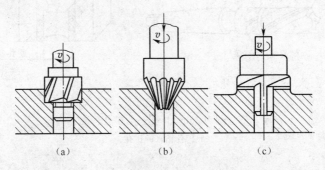

图 10.55 锪孔
(a)锪柱孔；(b)锪锥孔；(c)锪端面。

实习操作十八　钻孔、扩孔和铰孔练习

(1)练习钻通孔、盲孔、深孔。
(2)练习扩孔、铰孔。

操作要点

(1)钻孔时，选择转速和进给量的方法是：用小钻头钻孔时，转速可快些，进给量要小些；用大钻头钻孔时，转速要慢些，进给量适当大些；钻硬材料时，转速要慢些，进给量要小些；钻软材料时，转速要快些，进给量要大些；用小钻头钻硬材料时可以适当地减慢速度。

(2)钻孔时手进给的压力是根据钻头的工作情况，以目测和感觉的方式进行控制，在实习中应注意掌握。

钻孔操作时应注意的事项：

(1)操作者衣袖要扎紧，严禁戴手套，女同学必须戴工作帽。

(2)工件夹紧必须牢固。孔将钻穿时要尽量减小进给力。

(3)先停车后变速。用钻夹头装夹钻头，要用钻夹头紧固扳手，不要用扁铁和手锤敲击，以免损坏夹头。

(4)不准用手拉或嘴吹钻屑，以防铁屑伤手和伤眼。

(5)钻通孔时，工件底面应放垫块，或将钻头对准工作台的T形槽。

(6)使用电钻时应注意用电安全。

(7)手工铰孔时，两手用力要均匀、平稳，不得有侧向压力，避免孔口成喇叭形或将孔径扩大。

(8)铰刀退出时不能反转，防止刃口磨损及切屑嵌入刀具与孔壁之间，而将孔壁划伤。

教师演示　刃磨钻头

1. 刃磨要求

钻头在使用过程中要经常刃磨,以保持锋利。其一般要求是:两条主切削刃等长,顶角 2φ 应符合所钻材料的要求并对称于轴线,后角 α 与横刃斜角 φ 应符合要求。

2. 刃磨方法

如图 10.56 所示:右手握住钻头前部并靠在砂轮架上作为支点,将主切削刃摆平(稍高于砂轮中心水平面),然后平行地接触砂轮母线,同时使钻头轴线与砂轮母线在水平面内成半顶角 φ($\varphi=59°$);左手握住钻尾,在磨削时上下摆动,其摆动的角度约等于后角 α。一条主切削刃磨好后,将钻头转过 180°,按上述方法再磨另一条主切削刃。钻头刃磨后的角度一般凭经验目测,也可用样板检查。

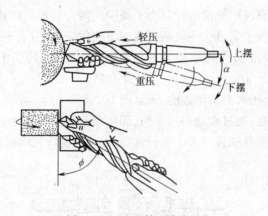

图 10.56 麻花钻刃磨方法

10.5 攻螺纹和套螺纹

工件圆柱表面上的螺纹称为外螺纹,工件圆柱孔内侧面上的螺纹为内螺纹。

常用的三角形螺纹工件,其螺纹除采用机械加工外,还可以用钳工加工的方法以攻螺纹和套螺纹的方式获得。

攻螺纹(攻丝)是用丝锥加工出内螺纹。套螺纹(套丝)是用板牙在圆杆上加工出外螺纹。

10.5.1 攻螺纹

1. 丝锥和铰杠

(1)丝锥。丝锥是专门用来加工小直径内螺纹的成形刀具(图 10.57),一般用合金工具钢 9SiCr 制造,并经热处理淬硬。丝锥的基本结构形状像一个螺钉,轴向有几条容屑槽,相应地形成几瓣刀刃(切削刃)。丝锥由工作部分和柄部组成,其中工作部分由切削部分与校准部分组成。

丝锥的切削部分常磨成圆锥形,以便使切削负荷分配在几个齿上,以便切去孔内螺纹牙间的金属,而其校准部分的作用是修光螺纹和引导丝锥。丝锥上有 3 条~4 条容屑槽,用于容屑和排屑。丝锥柄部为方头,其作用是与铰手相配合并传递扭矩。

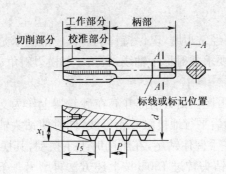

图 10.57　丝锥的结构

丝锥分手用丝锥和机用丝锥两种。为了减少切削力和提高丝锥使用寿命,常将整个切削量分配给几支丝锥来完成。一般两支或三支组成一套,分头锥、二锥或三锥,它们的圆锥斜角各不相同,校准部分的外径也不相同,其所负担的切削工作量分配是:头锥为60%(或75%)、二锥为30%(或25%)、三锥为10%。

(2)铰杠。铰杠是用来夹持丝锥的工具(图10.58)。

常用的可调式铰杠,通过旋动右边手柄,即可调节方孔的大小,以便夹持不同尺寸的丝锥。铰杠长度应根据丝锥尺寸大小进行选择,以便控制攻螺纹时的施力(扭矩),防止丝锥因施力不当而折断。

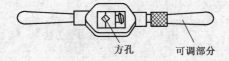

图 10.58　铰杠

2. 攻螺纹前确定钻底孔的直径和深度

丝锥主要是切削金属,但也有挤压金属的作用,在加工塑性好的材料时,挤压作用尤其显著。攻螺纹前工件的底孔直径(即钻孔直径)必须大于螺纹标准中规定的螺纹小径,确定其底孔钻头直径 d_0 的方法,可采用查表法(见有关手册资料)确定,或用下列经验公式计算:

钢材及韧性金属:　　　　　　$d_0 \approx d - p$

铸铁及脆性金属:　　　　　　$d_0 \approx d - (1.05 - 1.1)p$

式中　d_0——底孔直径;

　　　d——螺纹公称直径;

　　　p——螺距。

攻盲孔(不通孔)的螺纹时,因丝锥顶部带有锥度不能形成完整的螺纹,所以为得到所需的螺纹长度,孔的深度 h 要大于螺纹长度 l。盲孔深度可按下式计算:

$$孔的深度\ h = 所需螺孔深度\ l + 0.7d$$

3. 攻螺纹的操作方法

(1)攻螺纹开始前,先将螺纹钻孔端面孔口倒角,以利于丝锥切入。

(2)攻螺纹时,先用头锥攻螺纹。

首先旋入 1 圈～2 圈,检查丝锥是否与孔端面垂直(可用目测或直角尺在互相垂直的两个方向检查),然后继续使铰杠轻压旋入,当丝锥的切削部分已经切入工件后,可只转动而不加压,每转一圈后应反转 1/4 圈,以便切屑断落(图 10.59)。

(3)攻完头锥再继续攻二锥、三锥,每更换一锥,仍要先旋入 1 圈～2 圈,扶正定位,再用铰杠,以防乱扣。

(4)攻钢料工件时,可加机油润滑使螺纹光洁并延长丝锥使用寿命。对铸铁件,可加煤油润滑。

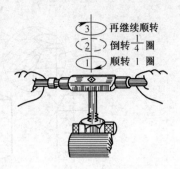

图 10.59 攻螺纹操作

10.5.2 套螺纹

1. 板牙和板牙架

(1)板牙。板牙是加工外螺纹的刀具,由合金工具钢 9SiCr 制成并经热处理淬硬,其外形像一个圆螺母,只是上面钻有几个排屑孔,并形成刀刃(图 10.60(a))。

板牙由切削部分、定径部分、排屑孔(一般有 3 个～4 个)组成。排屑孔的两端有 60°的锥度,起着主要的切削作用,定径部分起修光作用。板牙的外圆有一条深槽和 4 个锥坑,锥坑用于定位和紧固板牙。当板牙的定径部分磨损后,可用片状砂轮沿槽将板牙切割开,借助调紧螺钉将板牙直径缩小。

(2)板牙架。板牙是装在板牙架上使用的(图 10.60(b))。板牙架是用来夹持板牙、传递转矩的工具。工具厂按板牙外径规格制造了各种配套的板牙架,供使用者选用。

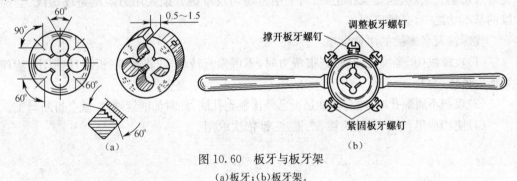

图 10.60 板牙与板牙架
(a)板牙;(b)板牙架。

2. 套螺纹前圆杆直径的确定

圆杆外径太大,板牙难以套入;太小,套出的螺纹牙形不完整,因此,圆杆直径应稍小于螺纹公称尺寸。

计算圆杆直径的经验公式:
$$圆杆直径\ d \approx 螺纹大径\ D - 0.13p$$

3. 套螺纹的操作方法

套螺纹的圆杆端部应倒角(图 10.61(a)),使板牙容易对准工件中心,同时也容易切入。工件伸出钳口的长度,在不影响螺纹要求长度的前提下,应尽量短些。套螺纹过程与攻螺纹相似(图 10.61(b)):板牙端面应与圆杆垂直,操作时用力要均匀;开始转动板牙时,要稍加压力;套入 3 扣～4 扣后,可只转动不加压,并经常反转,以便断屑。

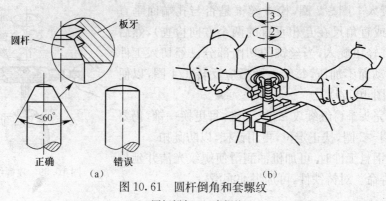

图 10.61 圆杆倒角和套螺纹
(a)圆杆倒角;(b)套螺纹。

实习操作十九　制作双头螺柱

(1)根据要求计算底孔直径,在钢件、铸件上钻底孔并攻螺纹。
(2)计算双头螺柱圆杆直径,并在圆杆上套螺纹。

操作要点

起攻、起套要从前后、左右两个方向观察与检查,及时进行垂直度的找正,这是保证攻螺纹、套螺纹质量的重要操作步骤。特别是套螺纹,由于板牙切削部分圆锥角较大,起套的导向性较差,容易产生板牙端面与圆杆轴心线不垂直的情况,造成烂牙(乱扣),甚至不能继续切削。起攻、起套操作正确、两手用力均匀及掌握好最大用力限度是攻螺纹、套螺纹的基本功之一,必须掌握。

攻螺纹及套螺纹的注意事项:

(1)攻螺纹(套螺纹)已经感到很费力时,不可强行转动,应将丝锥(板牙)倒退出,清理切屑后再攻(套)。
(2)攻制不通螺孔时,注意丝锥是否已经接触到孔底,此时如继续硬攻,就会折断丝锥。
(3)使用成组丝锥,要按头锥、二锥、三锥依次取用。

思 考 题

1. 粗、中、细齿锯条如何区分?怎样正确选用?
2. 有哪几种起锯方式?起锯时应注意哪些问题?
3. 锉刀的种类有哪些?
4. 根据什么原则选择锉刀的粗细、大小和截面形状?
5. 锉平工件的工作要领是什么?
6. 怎样正确采用顺向锉法、交叉锉法和推拉法?
7. 攻螺纹前的底孔直径如何计算?
8. 套螺纹前的圆杆直径怎样确定?

第 11 章 钳工综合技能训练

综合技能训练是学生综合应用所学钳工技能独立完成某一工件的实操训练。通过综合件的练习,可以检验并提高学生按图样要求加工工件的实际动手能力。选择综合技能训练的实习件应结合实际,尽量选择生产中的产品为实习件,在没有合适的产品情况下,也可自行设计,并以此作为评定学生钳工实习操作考核成绩的主要依据。

11.1 制作六角螺母

六角螺母图样如图 11.1 所示。
制作六角螺母的操作步骤见表 11.1。

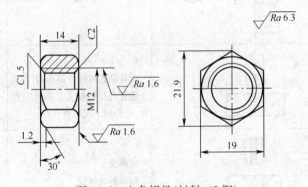

图 11.1 六角螺母(材料:45 钢)

表 11.1 制作六角螺母的操作步骤

操作序号	加工简图	加工内容	工具、量具
1. 备料		下料 材料:45 钢、φ30 棒料、高度 16	钢直尺
2. 锉削	14, φ30	锉两平面 锉平两端面,高度 $H=14$,要求平面平直,两面平行	锉刀、钢直尺
3. 划线	φ14, 27.7, 24	划线 定中心和划中心线,并按尺寸划出六角形边线和钻孔孔径线,打样冲眼	划针、划规、样冲、小手锤、钢直尺

137

(续)

操作序号	加工简图	加工内容	工具、量具
4. 锉削	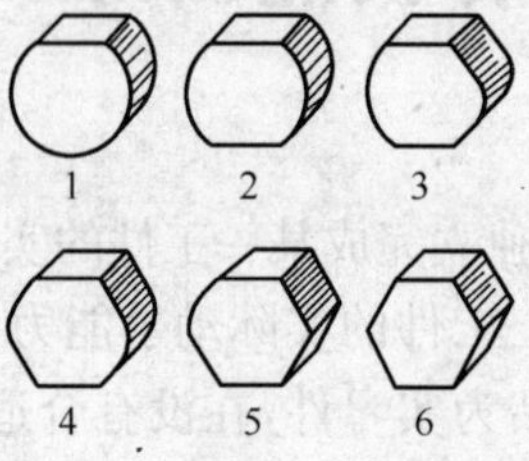 (六个六角形示意图 1-6)	锉六个端面 先锉平一面,再锉与之相对平行的端面,然后锉其余四个面。在锉某一面时,一方面参照所划的线,同时用120°样板检查相邻两平面的交角,并用90°角尺检查六个角面与端面的垂直度。用游标卡尺测量尺寸,检验平面的平面度、直线度和两对面的平行度。平面要求平直,六角形要均匀对称,相对平面要求平行	锉刀、钢直尺、90°角尺、120°样板、游标卡尺
5. 锉削	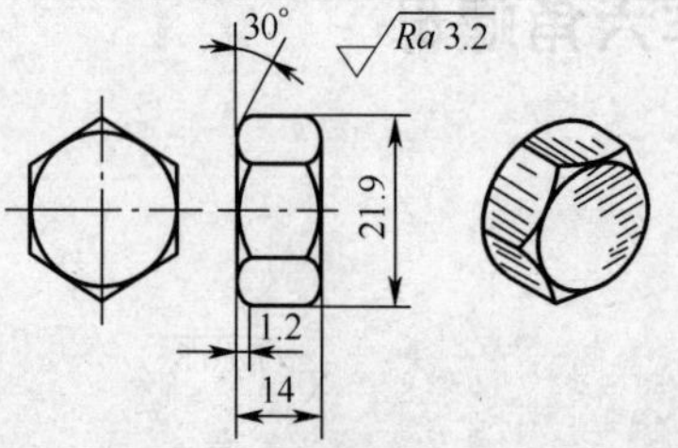 (锉曲面示意图,30°,Ra 3.2,21.9,1.2,14)	锉曲面(倒角) 按加工界线倒好两端圆弧角	锉刀
6. 钻孔	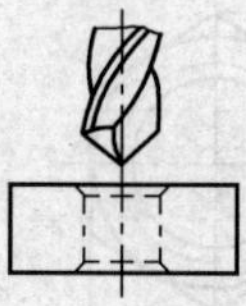 (钻孔示意图)	钻孔 计算钻孔直径。钻孔,并用大于底孔直径的钻头进行孔口倒角,用游标卡尺检查孔径	钻头、游标卡尺
7. 攻螺纹	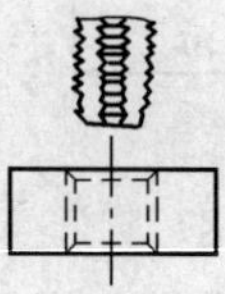 (攻螺纹示意图)	攻螺纹 用丝锥攻螺纹	丝锥、铰杠

11.2 制作六角头螺栓

制作六角头螺栓的操作步骤见表11.2。

表11.2 制作六角头螺栓操作步骤

工件名称	六角头螺栓	材料	45钢
示意图	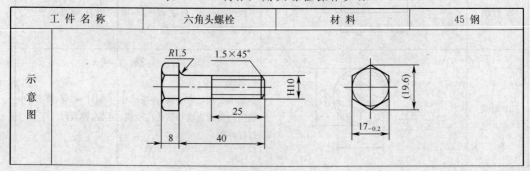		

(续)

操作序号	工序简图	说明
1. 划线		1. 上道工序由车工车成。 2. 在 φ20 端面处，以螺杆为基准，用分度头、高度尺，划对面尺寸为 17mm 的六方，要求与外圆同心，并打样冲眼
2. 锉六方		1. 参考划线，先锉一平面，再锉平行的对面，然后锉其余四面。 2. 最后达到六角形均匀对称，六面平直，对面平行，保证尺寸 $17_{-0.2}$，邻角均为 120°
3. 套丝		1. 用虎钳夹持六方对边，并用直角尺检查螺杆与钳口是否垂直。 2. 先在 25mm 处做记号，再用 M10 板牙套丝，初套时，注意观察板牙架两端与钳口的平行度

11.3 制作手锤

手锤图样如图 11.2 所示。
制作手锤操作步骤见表 11.3。

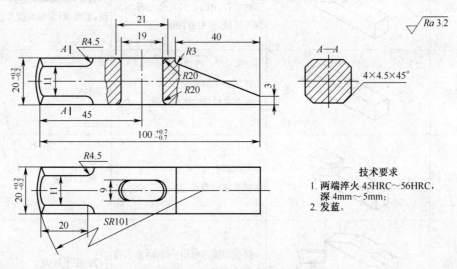

技术要求
1. 两端淬火 45HRC～56HRC，深 4mm～5mm；
2. 发蓝。

图 11.2 手锤(材料:45 钢)

表 11.3 制作手锤操作步骤

操作序号	加工简图	加工内容	工具量具
1. 备料	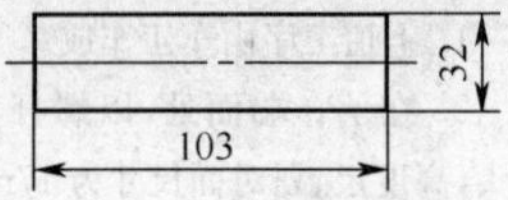 (103, 32)	下料 材料：45钢，φ32棒料、长度103mm	钢直尺
2. 划线	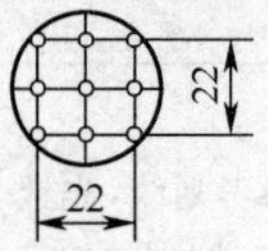 (22×22)	划线 在φ32两端圆柱表面上划22×22的加工界线，并打样冲眼	划线盘，90°角尺，划针，样冲，手锤
3. 錾削	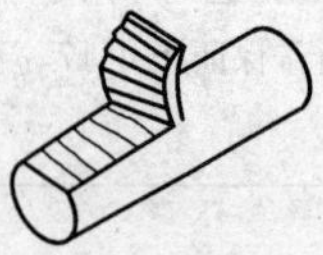	錾削一个面 要求錾削宽度不小于20mm，平面度、直线度1.5	錾子，手锤，钢直尺
4. 锯削	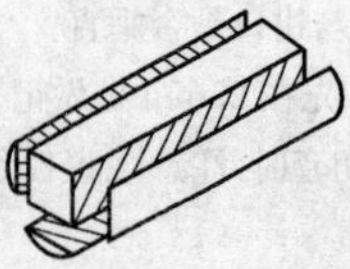	锯削三个面 要求锯痕整齐，尺寸不小于20.5mm，各面平直，对边平行，邻边垂直	锯弓，锯条
5. 锉削	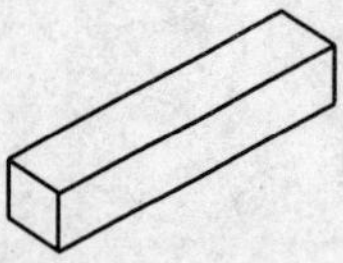	锉削六个面 要求各面平直，对边平行，邻边垂直，断面成正方形，尺寸$20^{+0.2}_{0}$	粗、中平锉刀，游标卡尺，90°角尺
6. 划线	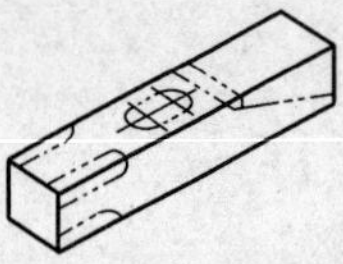	划线 按工件(图11.2)尺寸全部划出加工界线，并打样冲眼	划针，划规，钢尺，样冲，手锤，划线盘(游标高度尺)等
7. 锉削	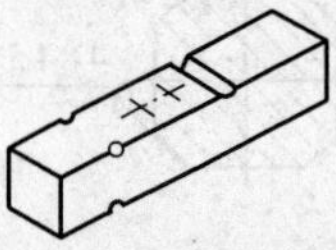	锉削五个圆弧面 圆弧半径符合图纸要求	圆锉
8. 锯削	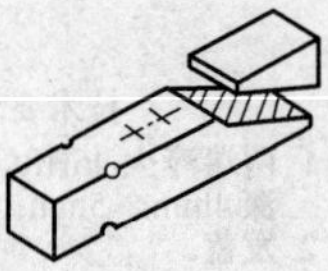	锯削斜面 要求锯痕整齐	锯弓，锯条
9. 锉削	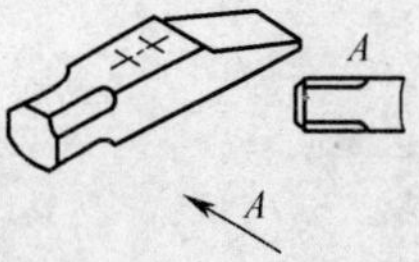	锉削四圆弧面和一球面，要求符合图纸要求	粗、中平锉刀

(续)

操作序号	加工简图	加工内容	工具量具
10. 钻孔	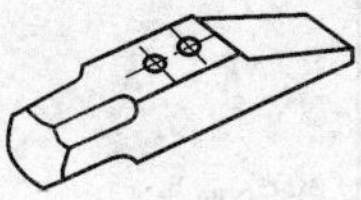	钻孔 用 φ9 钻头钻两孔	φ9 钻头
11. 锉削	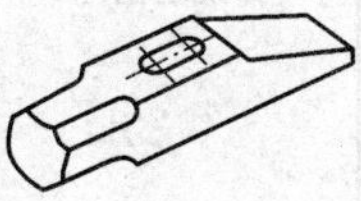	锉通孔 用小方锉或小平锉锉掉留在两孔间的多余金属,用圆锉将椭圆孔锉成喇叭口	小方锉或小平锉,8″中圆锉
12. 修光		用细平锉和砂布修光各平面,用圆锉和砂布修光各圆弧面	细平锉,砂布

综合零件的评分标准见表11.4。

表 11.4 钳工评分标准

几何尺寸 50%							
AD		BC		平行度		平面度	
尺寸	分数	尺寸	分数	∥	分数	◇	分数
19±0.1	100	19±0.5	0	0.05	100	0.05	100
尺寸每超过0.01mm 扣1分		尺寸每超过0.05mm 扣1分		平行度每超过0.01mm 扣2分		平面度每超过0.01mm 扣2分	
备注	几何尺寸分=(AD+BC+∥+◇)×3						
表面粗糙度 10%							
无锉痕		有较浅锉痕		有少量较深锉痕		有大量较深锉痕	
光滑		较光滑		不光滑		粗糙	
100分		90分		70分		60分以下	
操作技能 15%							
划线、锉、锯各项操作规范		各项操作中有一至二项不规范		各项操作均不够规范		各项操作均不规范,且倒角、钻偏等不理想	
100分		80分		60分		60分以下	
书面作业 10%		10%					
安全纪律 15%		迟到、早退一次均扣3分,旷课一次扣5分,不遵守工艺要求扣5分					

11.4 锉配凹凸件

锉配凹凸件如图11.3所示(81mm×61mm×21mm)。

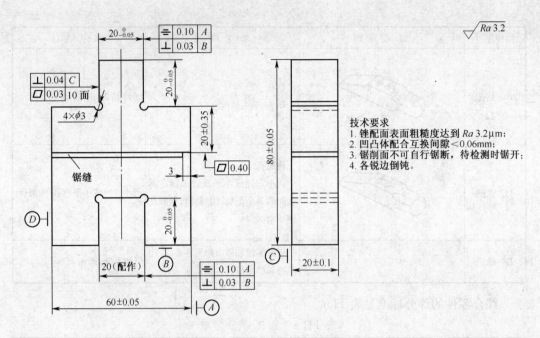

图11.3 锉配凹凸件(材料:HT200)

(1)按图样要求锉削加工外形尺寸,达到尺寸60mm±0.05mm、20mm±0.01mm、80mm±0.05mm与垂直度、平行度的要求。

(2)按图样要求划出凹凸体的加工线,并钻4×φ3mm的工艺孔(图11.4(a))。

(3)加工凸形面,按照图11.4(b)所示步骤进行。

①按划线锯去工件右角,粗、精锉削两垂直面1和面2(图11.4(c))。

a. 根据80mm的实际尺寸,控制60mm尺寸误差值(应控制在80mm的实际尺寸减去$20_{-0.05}^{0}$mm的范围内),从而保证达到$20_{-0.05}^{0}$mm尺寸要求。

b. 同样,根据60mm处的实际尺寸,通过控制40mm尺寸误差值(本处应控制在60/2mm的实际尺寸加$10_{-0.05}^{+0.025}$的范围内),从而保证在取得$20_{-0.05}^{0}$mm尺寸的同时,其对称度在0.1mm内。

②按划线锯去工件左角,用上述方法锉削面3和面4,并将尺寸控制在$20_{-0.05}^{0}$mm。

(4)加工凹形面(图11.4(d))。

①钻出排孔,并锯除凹形面的多余部分,粗锉至接近线条。

②然后细锉凹形顶端面5,根据80mm的实际尺寸,通过控制60mm尺寸误差值(本处与凸形面的两个垂直一样控制尺寸),保证与凸形件端面的配合精度要求(图11.4(e))。

③细锉两侧垂直面,同样根据外形60mm和凸形面20mm的实际尺寸,通过控制20mm尺寸误差值,从而保证达到与凸形面20mm尺寸的配合精度要求,同时保证其对称度在0.1mm内。

(5)各锐边倒角,并检查全部尺寸精度。

(6)锯削时,要求尺寸为20mm±0.35mm,锯削面平面度为0.4mm,留3mm不锯(图11.4(f)),并修去锯口毛刺。

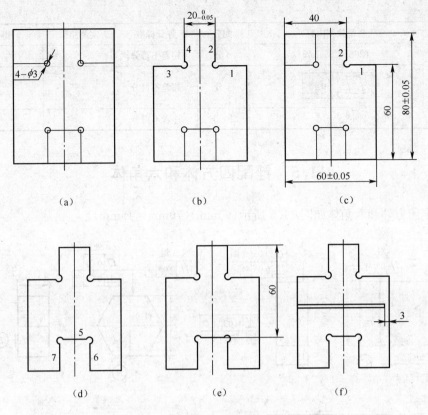

图 11.4 锉配凹凸件操作要点图解

(a)划线；(b)加工凸形面；(c)锉凸形面；(d)加工凹形面；(e)锉削凹形面；(f)锯削。

锉配凹凸件评分标准可见表 11.5。

表 11.5 锉配凹凸件评分标准

工件号		座号		姓名		总得分	
项目	质量检测内容			配分	评分标准	实测结果	得分
锉削	$20_{-0.05}^{0}$ mm(2处)			12分	超差不得分		
	▱ 0.03 (10处)			20分	超差不得分		
	⊥ 0.04 B C			12分	超差不得分		
	= 0.10 A (2处)			8分	超差不得分		
	(60±0.05)mm			4分	超差不得分		
	(80±0.05)mm			4分	超差不得分		
	配合间隙≤0.06			15分	超差不得分		
	表面粗糙度 $Ra=3.2\mu m$			5分	升高一级不得分		

(续)

项目	质量检测内容	配分	评分标准	实测结果	得分
锯削	(20±0.35)mm	6分	超差不得分		
	▱ 0.4	4分	超差不得分		
	安全文明生产	10分	违者不得分		

11.5 锉配四方体和六角体

锉配四方体和六角体如图 11.5 所示(90mm×70mm×15mm)。

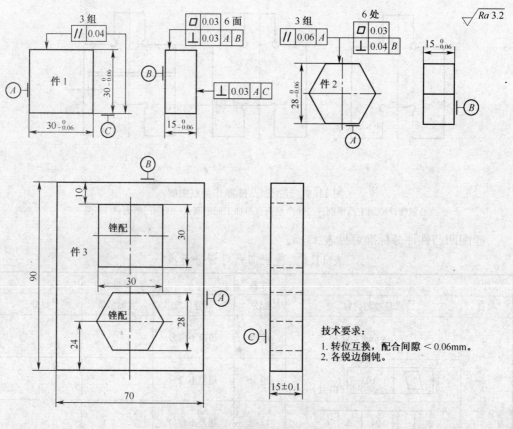

图 11.5 锉配四方体和六角体

(材料:HT200)

(1)自制内 90°量角样板(图 11.6(a))与内、外 120°量角样板(图 11.6(b))。

(2)将锉削四方体材料 38mm×38mm×38mm,对半锯削分为件 1 和件 2。

(3)按图样要求加工件 1 外四方体的六个面,加工步骤顺序为 a、b、c、d、e(图 11.6(c))。

(4)按图样要求加工件 2 外六角体,加工步骤顺序为 1、2、3、4、5、6、7(图 11.6(d))。

(5)锉配内四方体(图11.6(e))。

①修整外形基准面 A、B,使其互相垂直并与大平面垂直。

②以 A、B 两面为基准,按图样要求划线,并用加工好的四方体校核所划线条的正确性。

③钻排孔,用扁錾沿四周錾去余料(图11.6(f)),然后用方锉粗锉余量,每边留0.1mm~0.2mm 作为细锉余量。

④细锉第一面 b',锉削至接触划线线条,达到平面度,并与 B 面平行及与大平面垂直。

⑤细锉第二面 c',达到与 b' 面平行,接近30mm 尺寸时,用四方体按图11.6(g)所示方法进行试配,应使其较紧地塞入,以留有修整余量。

⑥细锉第二面 d',锉削至接触划线线条,达到平面度,并与大平面垂直,及与 A 面平行。最后用自制角度样板检查修整,达到 $\perp b'$、$\perp d'$、$\perp c'$。

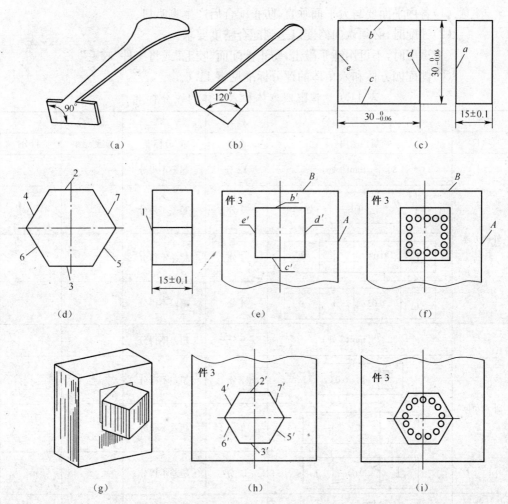

图11.6 锉配四方体和六角体操作要点图解

(a)内90°量角样板;(b)内、外120°量角样板;(c)外四方体加工顺序;(d)外六角体加工顺序;
(e)锉配内四方体;(f)扁錾錾去余料;(g)试配的方法;(h)锉配内六角;(i)用扩钻或排孔去除余料。

⑦细锉第四面 e'，达到与 d' 面平行，用四方体试配，使较紧地塞入。

⑧精锉修整各面，即用四方体认向配锉，用透光法检查接触部位，进行修整。当四方体塞入后采用透光法和涂色相结合的方法检查接触部位，然后逐步达到配合要求。最后作转位互换的修整，达到转位互换的要求，用手将四方体推出和推进应无阻滞。

⑨各锐边去毛刺，倒棱并检查配合精度。

(6)锉配内六角(图 11.6(h))。

①按外六角体的实际尺寸，在件 3 划出内六角形加工线，并用外六角体校核。

②在内六角体中心扩钻或用排孔去除内六角体大部分加工余量(图 11.6(i))。

③粗锉内六角体各面，至接近划线线条，使每边留有 0.1mm～0.2mm 余量精锉。用 120°量角样板检查清角，以外六角体做认向整体试配，利用透光和涂色法修整，达到互换配合要求。

④对锉配件各棱边去毛刺并复查。

注意：(1)各内平面要与大平面垂直，防止配合后产生喇叭口。

(2)锉配时，必须认向修配以达到配合精度要求。

(3)试配时，不可用锤子敲击，防止锉配面"咬毛"或将工件"咬毛"。

(4)锉配四方体和六角体的评分标准见表 11.6。

表 11.6 锉配四方体和六角体的评分标准

工件号		座号		姓名		总得分	
项目	质量检测内容			配分	评分标准	实测结果	得分
外四方体	$30_{-0.06}^{0}$ mm(3 处)			12 分	超差不得分		
	∥	0.04	(3 处)	9 分	超差不得分		
	⊥	0.03	A B	4 分	超差不得分		
	⊥	0.03	A C	4 分	超差不得分		
外六角体	$32_{-0.06}^{0}$ mm(3 处)			9 分	超差不得分		
	▱	0.03		7 分	超差不得分		
	∥	0.06	A	9 分	超差不得分		
	⊥	0.04	A	12 分	超差不得分		
锉配	配合间隙≤0.06mm			18 分	超差不得分		
	表面粗糙度 $Ra = 3.2\mu m$			6 分	升高一级不得分		
	安全文明生产			10 分	违者不得分		

附录1 机加工实习报告

机加工实习报告(一)

成绩：　　　　姓名：　　　　日期：

1. 你实习使用的车床型号为_____。
写出各字母及数字所表示的含义：_____
_____。

2. 填空

(1)机床的切削运动有_____和_____。车床上工件的旋转运动属于_____；刀具的纵向(或横向)运动属于_____运动。

(2)切削用量是指_____、_____和_____。它们的单位分别是_____和_____。

(3)车削一般可达_____精度；粗糙度 Ra 值不高于_____。

(4)结合所用车床回答下列问题：

①光杠是通过_____(传动方式)把旋转运动变成刀具的纵向直线运动的。在主轴转向不变的情况下,用什么方法使进给方向反向：_____。

②丝杠是通过_____(传动方式)把旋转运动变成刀具的直线运动的。在主轴转向不变的情况下,用什么方法改变车刀移动方向：_____。

③车螺纹时,车刀与工件的运动关系是：_____。

(5)车床上的通用夹具有_____、_____、_____、_____和_____。轴类另件常用_____安装。_____卡盘能自动定心,适宜于夹持_____工件,_____卡盘的夹爪能分别调整,不但可以装长圆形截面工件,还可以装夹截面是_____、_____、_____或其他的_____工件。

(6)车削工作时,你常用的量具有_____。

3. 问答题

(1)在普通车床上能完成哪些工作？

(2)一般车床的加工精度和表面粗糙度可达多少？

(3)车床丝杠和光杠的作用是什么？为什么二者要互锁,而不能同时使用？

(4)安装车刀的具体要求有哪几点？

(5)在下图中注明车刀各部分名称。

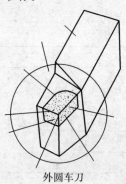

外圆车刀

(6)车螺纹时产生乱扣的原因是什么？怎样防止？

(7)切削用量是什么？

机加工实习报告(二)

1. 读出精度值为 0.02mm 游标卡尺如图所示位置时的读数。

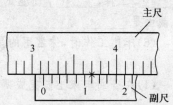

2. 读出千分尺如图所示位置时的读数。

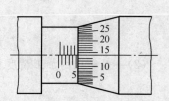

3. 测量 $\phi 28\pm 0.05$ 和 $\phi 20\pm 0.01$ 的外圆尺寸时应选用＿＿＿＿＿＿＿＿＿＿。

附录2 刨工、铣工实习报告

成绩：　　　姓名：　　　日期：

1. 注明牛头刨床各部分名称。

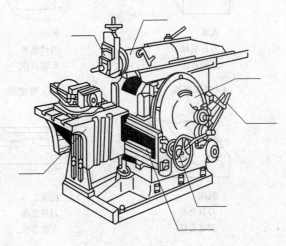

2. 填空

(1)牛头刨床的主运动是_____，横向进给运动是_____，垂直进给运动是_____。

(2)龙门刨床的主运动是_____，进给运动是_____。

(3)插床的主运动是_____，进给运动有工作台的_____和_____进给，主要用于加工_____等。

(4)牛头刨床是由_____机构把电动机的旋转运动，变为滑枕的_____运动。牛头刨床工作台的间歇进给运动是由_____机构实现的。进给量的大小用调整_____的位置来改变，进给方向靠改变_____的方位来实现。

3. 标出卧式铣床示意图中各部分的名称，并简述其作用。

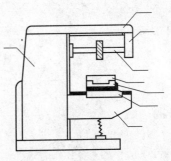

4. 根据铣床的装夹方法不同可分为_____铣刀和_____铣刀,分别用于_____铣床和_____铣床。

5. 在图中画出铣削下列表面所用的工具,标出切削运动,并选择机床和安装方法。

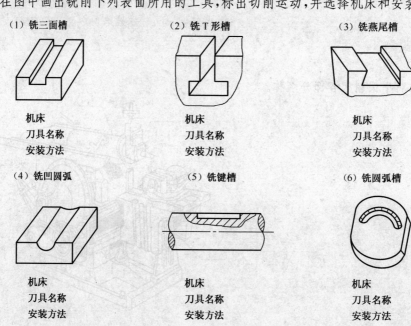

(1) 铣三面槽
机床
刀具名称
安装方法

(2) 铣T形槽
机床
刀具名称
安装方法

(3) 铣燕尾槽
机床
刀具名称
安装方法

(4) 铣凹圆弧
机床
刀具名称
安装方法

(5) 铣键槽
机床
刀具名称
安装方法

(6) 铣圆弧槽
机床
刀具名称
安装方法

6. 一般铣削加工能获得的精度和表面粗糙度为多少?

7. 已知某圆柱直齿轮,其 $m=2, z=50$,欲在卧式铣床上用传动比为 40 的分度头加工,试计算分度手柄的转数,并确定分度盘的孔圈数(分度盘的孔圈数有 25、30、35、45、65 等)。

附录3 钳工实习报告

钳工实习报告(一)

成绩：　　　　姓名：　　　　日期：

通过拆装你所使用的虎钳，标出下图中各部名称，并试述丝杠是怎样带动活动钳口前后滑动的？

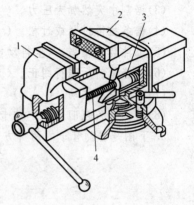

钳工实习报告(二)

成绩：　　　　姓名：　　　　日期：

1. 划线的目的是＿＿＿＿＿＿＿＿＿＿＿＿＿＿＿＿＿＿＿＿。划线的方法分为＿＿＿＿＿＿＿＿＿，＿＿＿＿＿＿＿＿＿。

2. 下图是一把可调式锯弓，请标出各部分名称。并指出锯弓上装的锯条锯齿方向是否正确。

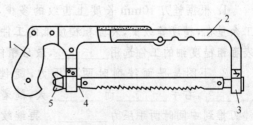

3. 锯削操作要领：

(1) 起锯角度(锯条与工件表面倾斜角)约为_____度。

(2) 锯条前推时起_____作用，应给以_____。返回时不切削，应将锯_____以减少磨损。

(3) 锯削速度(对钢件而言)通常每分钟往复_____次。

(4) 锯条应直线往返，不可_____。应保持锯条_____参加工作。

4. 你在钳工实习中由于操作不当，损坏锯条的原因属于下述情况中的哪些？用"√"标出。

(1) 起锯角太大或起锯时用力过大。(　　)

(2) 锯板料和薄壁管子时没有选用细齿锯条。(　　)

(3) 锯割中突然加大压力。(　　)

(4) 锯条拉得过紧或过松。(　　)

(5) 工件装夹不当，产生抖动或松动。(　　)

(6) 锯缝歪斜后强行纠正。(　　)

(7) 锯弓左右摆动。(　　)

(8) 新换锯条在旧锯缝中被卡住而折断。(　　)

5. 下图是锯割管子的两种方法，请在图上标出哪种正确，哪种不正确。

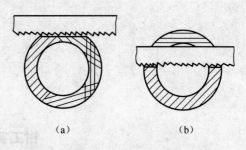

(a)　　　　(b)

钳工实习报告(三)

成绩：　　　姓名：　　　日期：

1. 根据锉刀10mm长度上齿纹的多少，可分为_____、_____和_____。加工余量在，精度等级低，表面粗糙度低的工件应选用_____。加工余量小，精度等级高，表面粗糙度细的工件选用_____，最后精修工件表面用_____。

2. 下图是平面锉削时两手压力，随锉刀前进过程分解运动。开始锉削时左手_____，右手_____而_____大，随着锉刀推进左手_____，右手_____。当锉刀推到中间时两手压力_____。再继续推进锉刀时左手_____，右手_____，左手起_____作用。锉刀回程时_____，以减少对刀齿的磨损。

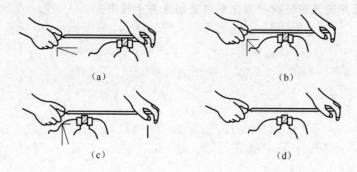

3. 根据下图图中标出的各面代号，写出六方螺母的六面锉削先后步骤及注意事项（两端面已由车工完成）。

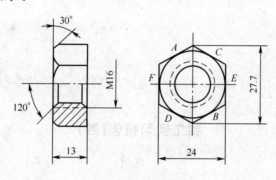

六方螺母示意图

序号	操作步骤及注意事项	使用工具、量具
1		
2		
3		
4		
5		

4. 指出下图中的三种平面锉削法，各属于什么锉削法。

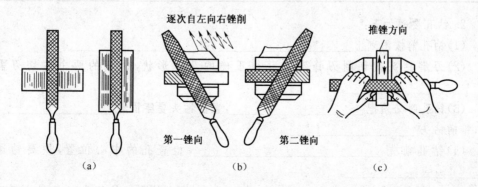

5. 为什么用交叉法锉削平面比单向锉削法易于锉平?

6. 使用锉刀应遵守哪些规则？为什么?

钳工实习报告(四)

成绩：　　　　姓名：　　　　日期：

1. 填表比较三种钻床在使用上的区别。

比较内容 钻床类别	型　号	钻孔范围	工件大小	找正方法(移动工件或钻头)
台钻				
立钻				
摇臂钻				

2. 钻孔要领如下：

(1)钻孔前按图划出_____，并_____。

(2)刃磨钻头使切削刃锋利并获得正确的几何形状,钻头的两个主切刃需磨得_____。

(3)钻孔时必须把_____,直柄钻头要牢固地_____上,锥柄钻头_____。

(4)钻孔前先_____,检查孔的中心位置,快要钻通时应_____。

(5)钻孔过程中,应经常_____排出钻屑。钻钢类工件时应保证有_____注入孔内,钻铸铁或铜类工件时_____。

3. 填表：

操作类别＼作业内容	实 作 工 件	计 算 公 式	底孔与光杆直径
攻丝	在钢件上制 M12 螺孔		
套丝	套 M12 螺杆		

参 考 文 献

[1] 梁蓓. 金工实训. 北京:机械工业出版社,2008.
[2] 萧泽新. 金工实习教材. 广州:华南理工大学出版社,2006.